普通高等教育"十三五"规划教材

材料成型加工安全与职业防护

蒋 姗 吴 盾 陈智栋 主编

中国石化出版社

内 容 提 要

本书在介绍实验室危险化学品安全、用电安全和压力容器安全等安全知识的基础上，重点对金属材料、无机非金属材料和塑料的成型加工技术、成型加工设备及其安全技术和职业防护相关知识进行了阐述。

本书紧密结合实际，突出介绍了各种成型加工工艺流程中可能出现的安全问题、需注意的安全事项以及如何进行安全防护，内容翔实，通俗易懂，可操作性强。可作为高等院校材料学院新生入学进行安全教育的教材，也可以作为材料成型加工实验室工作的广大高校教师和科研人员的专业参考书。

图书在版编目(CIP)数据

材料成型加工安全与职业防护 / 蒋姗，吴盾，陈智栋主编.
—北京：中国石化出版社，2017.12
普通高等教育“十三五”规划教材
ISBN 978-7-5114-4748-7

Ⅰ.①材… Ⅱ.①蒋… ②吴… ③陈… Ⅲ.①材料-成型加工-安全生产-高等学校-教材 Ⅳ.①TB3

中国版本图书馆 CIP 数据核字(2017)第 291041 号

中国石化出版社出版发行
地址：北京市朝阳区吉市口路 9 号
邮编：100020　电话：(010)59964500
发行部电话：(010)59964526
http://www.sinopec-press.com
E-mail：press@sinopec.com
北京富泰印刷有限责任公司印刷
全国各地新华书店经销
*
787×1092 毫米 16 开本 9.25 印张 230 千字
2018 年 5 月第 1 版　2018 年 5 月第 1 次印刷
定价：28.00 元

前言

PREFACE

材料科学是一门研究固体材料性质规律、设计及控制材料性能的科学，其目的在于揭示材料的成分、工艺、组织结构和性能之间的关系，是多学科交叉与结合的结晶，是与工程技术密不可分的应用科学。一般来说，材料需要经历制备、成型加工、零件与结构后处理等工序才能实际应用。近二三十年来，先进的制备与成型加工技术开发已成为材料科学领域最为活跃的方向之一，一大批先进技术和工艺不断发展和完善，促进了传统材料的更新换代和新材料的研究开发、生产应用。

高等学校的材料成型加工实验室是材料专业人才培养、科学研究和社会服务的重要基地。随着实验室资源日益开放以及进入实验室人员数量和流动性增强，实验室的安全工作面临越来越多的问题，而安全问题也日渐成为关注焦点。尽管大部分师生已经意识到实验室安全重要性，但由于材料成型加工实验室使用大量大型机械设备，且所用化学试剂或化工原料大多是易燃易爆物质，材料成型加工实验仍时有安全事故发生。每一起重大安全事故的背后，既有对安全隐患的认识不足，还存在事故发生之初的应急处理不当。安全生产技能不仅包括作业技能、熟练掌握作业安全装置设施的技能，还包括应急情况下，进行妥善处理的技能。

为保障材料成型加工实验操作中的安全，提高师生们的安全技能，防范安全事故发生，我们组织高校材料成型加工实验室一线的专业人员编写了本书。本书分为4章。第1章主要是实验室的安全基础知识，结合各类材料加工实验室的实际情况，从实验室危险化学品安全、用电安全、压力容器安全使用和安全防火等方面进行总体介绍。第2章是金属材料加工安全，内容包括热处理工艺、表面处理工艺、锻压安全技术和铸造安全技术等内容。第3章是无机非金属材料加工安全，内容包括无机非金属材料成型加工及其设备安全等内容。第4章是塑料加工安全，内容包括塑料成型工艺、塑料成型加工安全技术、塑料成型加工中的职业防护等。在每章中，对有关的设备、安全装备、安全规范、安全技能和知识、废弃物的安全处置和应急处理等方面进行介绍，尽可能贴近实际，操作性强。

通过本书，读者可对材料成型加工实验室安全的相关知识有较为全面的了解，在遇到具体问题时，查阅相关章节，能迅速找到解决途径。本书既可以作为材料学院大学本科生和研究生新生入学进行安全教育的教材，也可以作为材料成型加工实验室工作的广大高校教师和科研人员的参考资料。

在本书编写过程中，阅读和参考了大量有关实验室安全方面的书籍和文章，借鉴了众多高校实验室安全管理方面的经验和做法，无法完全在书中列出，在此表示衷心的感谢。

由于编写时间较为仓促，加之编者水平有限，书中定有不当之处，敬请读者们批评指正，我们将根据大家的意见和建议对本书进一步完善。

目 录
CONTENTS

1 安全基础知识 …………………………………………………… (1)
1.1 危险化学品安全 …………………………………………………… (1)
1.1.1 危险化学品 …………………………………………………… (1)
1.1.2 爆炸品 …………………………………………………… (1)
1.1.3 气体 …………………………………………………… (2)
1.1.4 易燃液体 …………………………………………………… (4)
1.1.5 易燃固体 …………………………………………………… (4)
1.1.6 氧化性物质和有机过氧化物 …………………………………………………… (5)
1.1.7 毒性物质和感染性物质 …………………………………………………… (6)
1.1.8 腐蚀品 …………………………………………………… (7)
1.2 用电安全 …………………………………………………… (7)
1.2.1 用电安全的重要性 …………………………………………………… (8)
1.2.2 引起电气火灾的主要因素 …………………………………………………… (8)
1.2.3 电气事故的规律性 …………………………………………………… (8)
1.2.4 触电急救方法 …………………………………………………… (8)
1.3 压力容器使用安全 …………………………………………………… (9)
1.3.1 压力容器的危险性 …………………………………………………… (9)
1.3.2 压力容器的分类 …………………………………………………… (9)
1.3.3 压力容器的使用要求 …………………………………………………… (10)
1.3.4 各类气瓶的使用和管理 …………………………………………………… (10)
1.4 安全防火技术 …………………………………………………… (11)
1.4.1 燃烧和爆炸基础知识 …………………………………………………… (11)
1.4.2 预防火灾技术 …………………………………………………… (14)
1.4.3 灭火技术 …………………………………………………… (14)
2 金属材料加工安全 …………………………………………………… (16)
2.1 热处理工艺 …………………………………………………… (16)

2.1.1 热处理的分类……（17）
2.1.2 热处理设备……（18）
2.1.3 普通盐浴炉……（19）
2.1.4 氰盐炉……（22）
2.1.5 箱式电阻炉……（24）
2.1.6 井式电阻炉……（26）
2.1.7 淬火硝盐槽……（29）
2.1.8 淬火、回火油槽……（31）
2.2 表面处理工艺……（33）
2.2.1 金属腐蚀的分类……（33）
2.2.2 防止腐蚀的方法……（34）
2.2.3 前处理安全技术……（34）
2.2.4 氰化电镀安全技术……（39）
2.2.5 铬酸电镀安全技术……（42）
2.2.6 镀镉工艺安全技术……（45）
2.3 锻压安全技术……（46）
2.3.1 锻压概述……（46）
2.3.2 锻造加热温度范围……（47）
2.3.3 自由锻造安全技术……（47）
2.3.4 模型锻造安全技术……（51）
2.3.5 板料冲压安全技术……（54）
2.4 铸造安全技术……（56）
2.4.1 铸造生产特点与工艺分类……（56）
2.4.2 砂铸造型安全技术……（57）
2.4.3 特种铸造安全技术……（61）
2.4.4 金属熔化安全技术……（65）
2.4.5 浇注清理安全技术……（70）
3 无机非金属材料加工安全……（74）
3.1 无机非金属材料成型加工过程的共性与个性……（74）
3.2 无机非金属材料成型加工设备和安全技术……（75）
3.2.1 无机非金属材料粉体的粉磨设备……（75）
3.2.2 无机非金属材料粉体的成型设备……（84）
3.2.3 无机非金属材料热工设备……（94）

4 塑料加工安全 ……………………………………………………………… (110)
4.1 塑料成型工艺 ……………………………………………………………… (110)
4.1.1 塑料的基本概念 ……………………………………………………… (110)
4.1.2 塑料的基本性能 ……………………………………………………… (111)
4.1.3 塑料的用途 …………………………………………………………… (111)
4.1.4 塑料成型方法 ………………………………………………………… (112)
4.2 塑料成型安全技术 ………………………………………………………… (112)
4.2.1 原材料处理安全操作 ………………………………………………… (112)
4.2.2 开炼机安全技术 ……………………………………………………… (113)
4.2.3 塑料注射成型安全技术 ……………………………………………… (114)
4.2.4 塑料挤出成型安全技术 ……………………………………………… (123)
4.2.5 塑料压延成型安全技术 ……………………………………………… (128)
4.2.6 塑料吸塑成型安全技术 ……………………………………………… (133)
4.3 塑料成型加工职业防护 …………………………………………………… (137)
4.3.1 高分子材料的毒性 …………………………………………………… (137)
4.3.2 成型加工中的防护措施 ……………………………………………… (138)
参考文献 ………………………………………………………………………… (140)

1 安全基础知识

1.1 危险化学品安全

危险化学品在生产、运输、储存和使用过程中，因其本身的易燃、易爆和有害等危险特性，故其能导致火灾和爆炸的危险因素比较多。但从许多事故案例分析来看，发生事故的主要原因是由于管理和使用人员缺乏相关的基础知识，未了解危险化学品的特性，不遵守操作规程或对突发事故处理不当所致。为减少材料加工过程中，火灾、爆炸及中毒等事故的发生，就必须了解危险化学品的分类、特性、储存和使用等知识。

1.1.1 危险化学品

一般说来，具有易燃、易爆、腐蚀、毒害、感染、放射性等危险性质，在一定条件下能引起燃烧、爆炸和导致人体中毒、烧伤或死亡等事故的化学物品统称为危险化学品。

2009 年，国家质量监督检验检疫总局和国家标准化管理委员会制定了 GB 13690—2009《化学品分类和危险性公示 通则》替代 GB 13690—1992《常用危险化学品的分类及标志》，并于 2010 年 5 月 1 日起实施。该标准将化学品分为 16 类：爆炸物、易燃气体、易燃气溶胶、氧化性气体、压力下气体、易燃液体、易燃固体、自反应物质或混合物、自燃液体、自燃固体、自燃物质和混合物、遇水放出易燃气体的物质或混合物、氧化性液体、氧化性固体、有机过氧化物和金属腐蚀物。为便于介绍各类危险化学品，本章主要根据 GB 6944—2012《危险货物分类和品名编号》的分类标准来介绍危险化学品的基本知识。

1.1.2 爆炸品

凡是受到撞击、摩擦、震动、高热或其他因素的激发，能产生激烈的变化并在极短的时间内放出大量的热和气体，同时伴有声、光等效应的物质均称为爆炸品。

1.1.2.1 爆炸品特性、储存及火灾扑救

爆炸品分类方法很多，按爆炸品的组成可分爆炸化合物和爆炸混合物。爆炸化合物具有一定的化学组成，按其化学结构或爆炸基团的分类如乙炔类化合物、叠氮化合物、雷酸盐类化合物、亚硝基化合物、过氧化物、氯酸或过氯酸化合物、氮的卤化物、硝基化合物

和硝酸酯类化合物等，上述爆炸性化合物之所以具有爆炸性，是由于含有一种不稳定的基团。这种基团很容易被活化，在外界能量的作用下，它们的化学键很容易断裂，从而激发起爆炸反应。爆炸混合物通常是由两种或两种以上爆炸组分和非爆炸组分经机械混合而成的。例如，硝铵炸药、黑色火药、液氧炸药都属于爆炸混合物。爆炸品具有如下特性：

① 化学不稳定性。在一定外因的作用下，能以极快的速度发生猛烈的化学反应，产生的大量气体和热量在短时间内无法逸散开去，致使周围的温度迅速升高并产生巨大的压力而引起爆炸。

② 敏感度高。爆炸品对热、火花、撞击、摩擦、冲击波等敏感，极易发生爆炸。

③ 爆炸品具有一定毒性。有些爆炸品在发生爆炸时还可以产生有毒或有害性气体，从呼吸道、食道，甚至皮肤等进入体内，引起中毒。

④ 着火危险性。很多爆炸品是含氧化合物或是可燃物与氧化剂的混合物，受激发能源作用，发生氧化还原反应而形成分解式燃烧，而且着火时不需要外界供给氧气。

⑤ 吸湿性。有些爆炸品具有较强的吸湿性，受潮或遇雨后会降低爆炸能力。

⑥ 见光分解性。某些爆炸品受光后容易分解，如叠氮银等。

⑦ 化学反应性。有些爆炸品可与某些化学试剂发生反应，生成爆炸性更强的危险化学品。

由于爆炸品瞬间能释放出巨大的能量，使周围的人和建筑物受到极大的伤害和破坏，所以在使用和储存时必须高度重视，严格管理。爆炸品的储存要求如下：

① 储存爆炸品应有专门的仓库，分类存放。仓库应保持通风，远离火源、热源，避免光直射，与周围的建筑物有一定的安全距离。

② 储存爆炸品的库房管理应严格贯彻执行“五双”制度，即做到双人保管、双人发货、双人领用、双账本、双把锁。

③ 使用爆炸品时应格外小心，轻拿轻放，避免摩擦、撞击和震动。

爆炸品发生火灾后应迅速查明发生爆炸的可能性和危险性，采取一切措施防止爆炸的发生。在人身安全确有保障的前提下，应迅速组织力量及时疏散着火区域周围的易燃、易爆品。爆炸品着火可用大量的水进行扑救，水不但可以灭火，还可以使爆炸品吸收大量的水分，降低敏感度，使其逐步失去爆炸能力，但要防止高压水流直接射向燃炸品，以防冲击引起爆炸品爆炸。爆炸品着火不能用沙土压盖，因为如用沙土压盖，着火产生的烟气无法散去，使内部产生一定的压力，从而更易引起爆炸。

1.1.2.2 常见爆炸品举例

硝化丙三醇，白色或淡黄色黏稠液体，低温易冻结，不溶于水，溶于乙醚、丙酮、乙醇、硝基苯、乙酸乙酯等。硝化丙三醇受急冷骤热、撞击、摩擦及遇火源时，均有引起爆炸的危险。硝化甘油与强酸接触能发生强烈反应，引起燃烧爆炸，因此，应避免硝化甘油与氧化剂、活性金属粉末、酸类接触。

1.1.3 气体

气体是指符合以下两种情况之一者：在 50℃时，其蒸气压力大于 300 kPa 的物质；在

20℃及大气压力于 101.3kPa 时完全是气态的物质。主要包括压缩气体、液化气体、溶解气体和冷冻液化气体、一种或多种气体与一种或多种其他类别物质的蒸气的混合物、充有气体的物品或烟雾剂。

1.1.3.1 气体特性、储存和火灾的扑救

气体按其危险性的大小可分为，易燃气体，如压缩或液化的氢气、甲烷等。毒性气体，如氯气、一氧化碳、氨气、二氧化硫、溴化氢等。非易燃无毒气体，如氮气、二氧化碳、空气等。

(1) 气体的危险特性

① 物理性爆炸。储存于钢瓶内压力较高的压缩气体或液化气体，受热膨胀，当超过钢瓶的耐压强度时，即会发生钢瓶爆炸。钢瓶爆炸时，易燃气体及爆炸碎片的冲击能间接引起火灾。

② 化学活泼性。易燃和氧化性气体的化学性质很活泼，在普通状态下可与很多物质发生反应或爆炸燃烧。例如，乙炔、乙烯与氯气混合遇日光会发生爆炸。

③ 可燃性。易燃气体遇火源能燃烧，与空气混合到一定浓度会发生火灾、爆炸危险性更大。

④ 扩散性。比空气轻的易燃气体逸散到空气中可以很快地扩散，一旦发生火灾会造成火焰迅速蔓延。比空气重的易燃气体泄漏出来，往往漂浮于地面或房间死角，长时间积聚不散，一旦遇到明火，易导致燃烧爆炸。

⑤ 腐蚀性、致敏性、毒害性及窒息性。

(2) 对气体储存和使用的规范要求

气体在使用过程中，通常是储存于气瓶之中，所以对气瓶的储存和使用有着严格的规范和要求，其要求如下：

① 应远离火源和热源，避免受热膨胀而引起爆炸。

② 性质相互抵触的应分开存放。如氢气与氧气钢瓶等不得混放。

③ 剧毒和易燃易爆气体钢瓶应放在室外阴凉通风处。

④ 钢瓶不得撞击或横卧滚动。

⑤ 在搬运钢瓶过程中，必须给钢瓶配上安全帽，钢瓶阀门必须旋紧。

⑥ 压缩气体和液化气体严禁超量灌装。

⑦ 使用前要检查钢瓶附件是否完好、封闭是否紧密、有无漏气现象。

(3) 气体火灾的扑救方法

① 应扑灭外围被火源引燃的可燃物。切断火势蔓延途径，控制燃烧范围。

② 扑救压缩气体和液化气体火灾时切忌盲目灭火。即使在扑救周围火势过程中不小心把泄漏处的火焰扑火了，在没有采取堵漏措施的情况下，也必须立即用长的点火棒将火点燃，使其稳定燃烧。否则大量气体泄漏出来与空气混合，遇火源就会发生爆炸。

③ 如果火场中有压力容器或受到火焰辐射热威胁的压力容器，应将容器转移到安全地带，不能及时转移时，应用水枪进行冷却保护。

④ 如果是输气管道泄漏着火，应设法找到气源阀门将阀门关闭。

⑤ 堵漏工作做好后，即可用水、干粉、二氧化碳等灭火剂进行灭火。

1.1.3.2 常见气体举例

乙炔是一种无色无味气体，微溶于水，溶于乙醇、丙酮、氯仿、苯等有机溶剂。乙炔极易燃烧爆炸，与空气混合，形成爆炸性的混合物，遇火源能引起燃烧爆炸。乙炔对人体具有弱麻醉作用，急性中毒可引起不同程度的缺氧症状，如出现头痛、头晕、全身无力等。

1.1.4 易燃液体

易燃液体是指在其闪点温度时放出易燃蒸气的液体或液体混合物，或是在溶液或悬浮液中含有固体的液体。

1.1.4.1 易燃液体分类、储存和火灾的扑救

易燃液体按闪点高低可分为三类：低闪点液体、中闪点液体和高闪点液体。易燃液体具有高度易燃性、易爆性、高度流动扩散性、受热膨胀性、强还原性、静电性、毒害性和麻醉性等特点。

基于易燃液体有以上特性，所以易燃液体应存放于阴凉通风处，易燃液体使用时要轻拿轻放，防止相互碰撞或将容器损坏造成泄漏事故。同时，易燃液体不得敞口存放。

当易燃液体发生火灾时，扑救易燃液体火灾时应掌握着火液体的品名、比重、水溶性、毒性、腐蚀性等性质，以便采取相应的灭火和防护措施。小面积的液体火灾可用干粉或泡沫灭火器等进行扑救，也可用沙土覆盖。扑救毒害性、腐蚀性或燃烧产物毒性较强的易燃液体火灾，扑救人员必须佩戴防毒面具，采取严密的防护措施。

1.1.4.2 常见易燃液体举例

乙醚为无色透明液体，具有芳香刺激性气味，极易挥发。乙醚极易燃烧。其蒸气比空气重，能沿地面流向低处或远处，乙醚蒸气与空气能形成爆炸性混合气体，遇火源有燃烧爆炸危险，且能将火焰引回蒸气源，引起乙醚液体起火。乙醚对人体有麻醉作用，当吸入含乙醚3.5%(体积)的空气时，30~40min人就可失去知觉。急性接触的暂时性作用有头痛、易激动或抑郁、食欲下降和多汗等。

1.1.5 易燃固体

凡是燃点较低，在遇湿、受热、撞击、摩擦或与某些物品(如氧化剂)接触后，引起强烈燃烧并能散发出有毒烟雾或有毒气体的固体均称为易燃固体，但不包括已经列入爆炸品的物质。

1.1.5.1 易燃固体分类、储存和火灾的扑救

易燃固体按燃点的高低、燃烧的难易程度以及放出气体毒性的大小分为两个级别：

① 一级易燃固体，这类物质燃点低，容易燃烧和爆炸，气体的毒性大，如红磷、二硝基甲苯等。

② 二级易燃固体，这类物质与一级易燃固体相比，燃烧性能差，燃烧速度慢，燃烧放出气体的毒性小，如金属铝粉、碱金属氨基化合物等。

易燃固体具有易燃性、爆炸性、毒害性、敏感性、自燃性、易分解或升华等特性。基于易燃固体的燃烧性和爆炸性，易燃固体应远离火源，储存在通风、干燥、阴凉的仓库内，且不得与酸类、氧化剂等物质同库储存。

多数易燃固体着火可以用水扑救，但对于镁粉、铝粉等金属粉末着火，不可用水、二氧化碳和泡沫灭火剂进行扑救。对于遇水产生易燃或有毒气体的物质(如五硫化二磷、三硫化四磷等)也不可以用水扑救。

1.1.5.2　常见易燃固体举例

红磷为紫红色无定形粉末，无臭，具有金属光泽，不溶于水、二硫化碳，微溶于无水乙醇，溶于碱。红磷遇明火、高热、摩擦、撞击有引起燃烧的危险。红磷与大多数氧化剂如氯酸盐、硝酸盐、高氯酸盐或高锰酸盐等组成爆炸性十分敏感的混合物，燃烧时放出有毒的刺激性烟雾。长期吸入红磷粉尘，会引起慢性磷中毒。

1.1.6　氧化性物质和有机过氧化物

氧化性物质是指处于氧化态，遇酸、碱、潮湿、高热或与还原剂、易燃物品等接触，或经摩擦、撞击，能迅速反应并放出大量热的物质。这类物质本身不一定可燃，但能导致可燃物的燃烧。有机过氧化物是指分子组成中含有过氧基的有机物。其本身易燃易爆，极易分解，对热、震动或摩擦极为敏感。

1.1.6.1　氧化性物质和有机过氧化物的特性及火灾的扑救

氧化性物质可分为两类：

① 一级无机氧化剂，这类氧化剂除无机氧化物分子中含有过氧基外，其余都是分子中含有高价态元素的物质。如过氧化钠、高氯酸和高锰酸钾等。

② 二级无机氧化剂，此类物质是指除一级无机氧化剂之外的氧化剂。它们的化学性质较为活泼，如硝酸、亚硝酸钾、高锰酸银、重铬酸钠等。

有机过氧化物按氧化性强度和化学组成可分为两类：

① 一级有机氧化剂，均为有机过氧化物和硝基化合物，具有较强的氧化性，能引起燃烧和爆炸。如过氧化苯甲酰、过氧化二叔丁醇等。

② 二级有机氧化剂，此类氧化剂均为有机过氧化物，易分解出氧和进行自身氧化还原反应，但化学性质比一级有机氧化剂稳定，如过氧乙酸、过氧化环已酮等。

氧化性物质具有受热分解、强氧化性、遇酸能剧烈反应而发生爆炸、遇湿分解、燃烧性、毒性及腐蚀性等特性。有机过氧化物具有分解爆炸性、易燃性和伤害性。氧化性物质在使用过程中应严格控制温度，避免摩擦或撞击，保存时不能与有机物、可燃物、酸一起储存。碱金属过氧化物易与水起反应，应注意防潮。有些氧化剂具有毒性和腐蚀性，能毒害人体，烧伤皮肤，使用过程中应注意防毒。

氧化性物质着火时会放出氧，加剧火势，即使在惰性气体存在下，火仍然会自行蔓延，因此，此类物质着火使用二氧化碳及其他气体灭火剂是无效的，应使用大量的水或用水淹浸的方法灭火，这是控制氧化性物质火灾最为有效的方法。若使用少量的水灭火，水会与过氧化物发生剧烈反应。有机过氧化物着火时，可能导致爆炸。如有可能，应迅速将此类物质从火场移开并转移到安全区域，人尽可能远离火场，在有防护的地方用大量水灭火。有机过氧化物火灾被扑灭后，在火场完全冷却之前不要接近火场。

1.1.6.2　氧化性物质和有机过氧化物举例

过氧化二苯甲酰(过氧化苯甲酰)为白色或淡黄色结晶，有轻微的苦杏仁气味。不溶于水，微溶于醇类，溶于丙酮、苯、二硫化碳、氯仿等。对上呼吸道有刺激性，对皮肤有强烈的刺激及致敏作用，进入眼内可造成损害。急剧加热时可发生爆炸，与强酸、强碱、硫化物、还原剂接触会发生剧烈反应。储存时避免与还原剂、酸类、碱类、醇类接触。

1.1.7　毒性物质和感染性物质

毒性物质是经吞食、吸入或皮肤接触后可能造成死亡、严重受伤或健康损害的物质。

1.1.7.1　毒性物质的判定

目前，我国在毒性物质方面正在执行的标准或文件主要有三个：两个是国家标准，一个是国家安全生产监督管理总局等十个部、局发布的联合公告。

GB 6944—2012《危险货物分类和品名编号》对毒性物质如何判定作了说明，另一个国家标准 GB 30000. 18—2013《化学品分类和标签规范 第 18 部分：急性毒性》对毒性物质的急性毒性进行了详细划分。2015 年 2 月 27 日，国家安监总局、公安部等十部委局联合发布公告，公布《剧毒化学品目录》(2015 版)，共收录 148 种剧毒化学品，明确了剧毒化学品的定义和判定界限。剧毒化学品是指具有剧烈急性毒性危害的化学品，包括人工合成的化学品及其混合物和天然毒素，还包括具有急性毒性易造成公共安全危害的化学品。

1.1.7.2　毒性物质的特点及管理

剧毒化学品常具有以下特点：

① 剧烈的毒害性，相似性(多为白色粉状，易与食盐、糖、面粉等混淆)。

② 许多剧毒化学品还具有易燃、爆炸、腐蚀性等。

③ 一些剧毒化学品与其他物质混合时反应剧烈，可以引起爆炸。

④ 有些剧毒化学品能与其他物质作用产生剧毒气体。

剧毒化学品的管理(购买、领取、使用、保管等)要根据国务院、公安部及各地方的相关法规标准严格执行，如国务院 2011 年 2 月 16 日起施行的《危险化学品安全管理条例》、公安部 2005 年 8 月 1 日起施行的《剧毒化学品购买和公路运输许可证件管理办法》等。剧毒化学品管理的重点要求是，要设专用库房和保险柜，以及双人领取验收、双人使用、双人保管、双锁、双账的“五双”原则等。

1.1.7.3 防止中毒的技术措施

以无毒、低毒的化学品或工艺代替有毒、剧毒的化学品或工艺。这是从根本上解决防中毒的最好方法。盛装设备要密闭化、管道化、机械化，防止实验中“冲、溢、跑、冒”事故。通过自动控制进行隔离操作，防止人和有毒物质直接接触。要有良好的通风，且有排净化回收。加强个人防护，如防毒面具、氧气呼吸器、防护眼镜等。定期检查毒性物质在空气中的浓度，并建立卫生保健和卫生监督制度。

1.1.8 腐蚀品

腐蚀品主要是指能灼伤人体组织并对金属、纤维制品等物质造成腐蚀的固体或液体。所谓腐蚀，是指物质与腐蚀品接触后发生化学反应、表面受到破坏的现象。

1.1.8.1 腐蚀品特性、储存和使用

腐蚀品按其化学性质可分为酸性腐蚀品、碱性腐蚀品和其他腐蚀品三类。酸性腐蚀品如浓硫酸、浓盐酸、氢氟酸等。碱性腐蚀品如氢氧化钠、烷基醇钠等。其他腐蚀品如亚氯酸钠溶液、甲醛等。

腐蚀品具有腐蚀性、毒害性、氧化性、燃烧性和与水反应等特性，所以腐蚀品应储存于阴凉、通风、干燥的场所，远离火源。酸类腐蚀品应与氰化物、氧化剂、遇湿易燃物质远离。具有氧化性的腐蚀品不得与可燃物和还原剂存放一处。有机腐蚀品严禁接触明火或氧化剂。使用过程中应有良好的通风条件，受到腐蚀后应用大量的水冲洗。

1.1.8.2 常见腐蚀品举例

硫酸为无色透明黏稠液体，能与水以任何比例混合，遇水大量放热。硫酸具有强烈的刺激性和腐蚀性，溅入眼内可造成灼伤、角膜穿孔，甚至失明。吸入蒸气可引起呼吸道刺激，重者导致呼吸困难和肺水肿，高浓度引起喉痉挛或声门水肿而窒息死亡。皮肤灼伤者出现红斑，重者导致溃疡，愈后斑痕收缩影响功能。火灾现场有硫酸时，可采用干砂、干粉灭火剂灭火。

1.2 用电安全

电能由于具有便于输送、容易控制、对环境没有污染等特点，已经成为使用最广泛的动力能源。但是，电在造福于人类的同时，也存在着潜在的危险。如果缺乏用电安全知识和技能，违反用电安全规律，就会发生人体触电或电气火灾事故，导致人身伤亡或设备损坏，造成重大损失。所以，必须重视用电安全。

1.2.1 用电安全的重要性

人体触电指的是电流通过人体时对人体产生生理和病理伤害。无论是交流电或直流电，在通过同样电流的情况，对人体都有相似的危害。通过人体的电流越大，对人体的伤害越严重，电流流经人体时，从左手通过前胸到脚是最危险的电流途径，这时心脏、肺部等重要器官都在电路内，极易导致心室颤动和中枢神经失调而死亡。电流从右手到脚危险性要小一些；从右手到左手的危险性又比从右手到脚要小一些；脚到脚的危险性更小。

1.2.2 引起电气火灾的主要因素

无论是电气线路的敷设或是电气设备的使用，都需要一个安全、良好的用电环境，否则，在危险环境中用电，极易发生电气火灾事故。引起电气火灾的主要因素有短路、过载、接触电阻过大、控制器件失灵、电火花和电弧、散热不良等。

1.2.3 电气事故的规律性

电气事故是有一定规律性的，归纳起来主要有以下几点：

① 夏季(主要是6~9月)电气事故多。这段时间气温高，人体多汗，触电危险性大。另外，这段时间多雨、气候潮湿，地面导电性增强，容易构成电击电流的回路，电气设备的绝缘性能降低，也容易漏电。

② 低压仪器设备事故多。主要原因是现在使用的低压仪器设备远远多于高压设备，接触低压仪器设备的人数多于接触高压设备的人数，因此发生事故的概率较高。

③ 移动式电气设备出现事故多。主要是因为这些设备经常搬动，电源线和某些部件容易损坏。

④ 电气连接部位容易出现事故。如接线端子、焊接接头、插头、插座等。

⑤ 管理混乱和缺乏安全教育的单位容易发生电气事故。

1.2.4 触电急救方法

触电事故有两个特点：一是无法预兆，瞬间即可发生；二是危险性大，致死率高。发生触电事故时，一定要冷静、正确处理。具体步骤如下：

(1) 迅速脱离电源

人体触电后很可能出现痉挛或昏迷紧紧握住带电体，不能自拔，第一步是以最快的速度让触电者脱离电源。脱离低压电源的方法有切断电源线，如果电闸不在事故现场附近，应立即用电工钳子或斧子切断电源线。如果带电体或电线被触电者压在身下，可用干燥的手套、绳索、木棍等拉开触电者。救助者不能用金属或潮湿的物品作为救护工具。未采取绝缘措施前，救助者不能接触触电者。如果触电者处于高位，要考虑触电者由高位坠地时的防护措施。脱离高压电源的方法是，应立即通知有关供电部门断电，并拨打急救电话，如果电源开关离触电现场不太远，戴上绝缘手套，穿上绝缘鞋，使用相应电压等级的绝缘工具，断外电源开关或高压跌落式熔断器。若仅采取一般性绝缘防护措施，切勿靠近去切断电源。在未经过严格培训并未采取足够安全的绝缘防护措施的情况下，不要贸然接近现场，更不能靠近高压电源，以防跨步电压和电弧伤人。逃离现场过程中以单脚跳或双脚并拢方式退至与接地点直线距离 30m 之外的地带才较为安全。

（2）对症救治

如触电者只是轻伤，即电灼伤等体外组织损伤，一般无生命危险。一些触电者的皮肤症状表现很轻，但电击对机体产生的深度损伤，不仅触电者自己估计不足，有时连医生也估计不足。所以，遭电击后，无论伤情轻重，都应就医。如触电者神志恍惚、无知觉，但心脏还在跳动，尚有微弱呼吸，应让其平躺休息，松开身上妨碍呼吸的衣物，保持呼吸道通畅。如触电者失去知觉，呼吸停止，应立即进行心肺复苏，同时请他人拨打急救电话，尽快送医院抢救。

1.3 压力容器使用安全

压力容器，是指盛装气体或者液体，承载一定压力的密闭设备，其范围规定为最高工作压力大于或者等于 0.1MPa(表压)，且压力与容积的乘积大于或者等于 2.5MPa·L 的气体、液化气体和最高工作温度高于或者等于标准沸点的液体的固定式容器和移动式容器，盛装公称工作压力大于或者等于 0.2MPa(表压)，且压力与容积的乘积大于或者等于 1.0 MPa·L 的气体、液化气体和标准沸点等于或者低于 60℃液体的气瓶、氧舱等。

压力容器广泛应用于石油、化工、冶金、机械、轻纺、医药、民用、军工以及科学研究等各个领域，在国民经济发展中有着重要地位。

1.3.1 压力容器的危险性

压力容器和常规容器相比，有很大的危险性，这是由于压力容器内部压力高、使用条件苛刻、容易造成超温或超压、工作介质的毒性或腐蚀性等原因所致。所以，压力容器犹如一颗炸弹，无论在哪个方面(设计、制造、使用等)出现一点问题，就会爆炸，造成人员伤亡。

1.3.2 压力容器的分类

压力容器多种多样，根据不同的特点分成以下几类：

按压力大小分类是最常见的分类方法，可分为：低压容器($0.1\text{MPa} \leqslant p < 1.6\text{MPa}$)、中压容器($1.6\text{MPa} \leqslant p < 10\text{MPa}$)、高压容器($10\text{MPa} \leqslant p < 100\ \text{MPa}$)和超高压容器($p \geqslant 100\text{MPa}$ 高压)。

按压力容器的壳体承压方式分类，压力容器可分为外压(壳体外部承受介质压力)容器和内压容器两大类。

按设计温度高低分类，压力容器可分为：低温容器($t \leqslant -20℃$)、常温容器($-20℃ < t < 450℃$)和高温容器($t \geqslant 450℃$)。

按压力容器的安全性能从安全角度分类，压力容器可分为固定式容器和移动式容器两大类。

1.3.3　压力容器的使用要求

使用压力容器时，要注意以下几点：

① 压力容器操作人员必须经过严格培训，掌握压力容器方面的基本知识。

② 压力容器实验最好在有防护措施(防护板或防护墙、防护面具、防护手套等)的专门实验室进行。

③ 要遵守安全操作规程，熟记本岗位的工艺流程，掌握本岗位压力容器操作顺序、方法及对一般故障的排除技能，并做到认真、如实地填写操作运行记录，加强对容器和设备的巡回检查和维护保养。

④ 压力容器操作人员应了解生产流程中各种介质的物理性质和化学性质，了解它们之间可能引起的物理、化学变化，以便发生意外时能做到判断准确，处理正确及时。

⑤ 避免由于错误操作造成超温超压，这往往是压力容器事故的主要原因。

⑥ 压力容器应做到平衡操作，加压卸压、加热冷却都应缓慢进行，要减少震动或移动。

⑦ 实验过程中如发现泄漏现象，一定要正确处理，不要在工作状态下拆卸螺栓或压盖等，因为容器内部压力高于外部压力，一旦这样做，就会导致严重事故发生。

1.3.4　各类气瓶的使用和管理

气瓶的种类很多，但是其安全使用方法都是一样的，气瓶的安全使用应注意以下几点：

- 气瓶应直立固定，禁止曝晒，远离火源或其他高温热源。
- 禁止敲击、碰撞。
- 开阀时要慢慢开启，防止升压过速产生高温。放气时人应站在出气口的侧面。
- 气瓶用毕关阀，应用手旋紧，不得用工具硬扳，以防损坏瓶阀。
- 气瓶必须专瓶使用，不得擅自改装，应保持气瓶漆色完整、清晰。
- 每种气瓶都要有专用的减压阀，氧气和可燃气体的减压阀不能互用，瓶阀或减压阀泄漏时不得继续使用。
- 瓶内气体不得用尽，一般应保持有196kPa以上压力的余气，以备充气单位检验取样和防止其他气体倒灌。
- 瓶阀冻结时、液化气体气瓶在冬天或瓶内压力降低时，出气缓慢，可用热水加温瓶阀或瓶身，禁止用明火烘烤。
- 在高压气体进入反应装置前应有缓冲器，不得直接与反应器相接，以免冲料或倒灌。高压系统的所有管路必须完好不漏，连接牢固。
- 气瓶及其他附件禁止沾染油脂。
- 用可燃性气体(如氢气、乙炔)时，一定要有防止回火的装置。
- 气瓶使用前，应检查气瓶有无漏气，一般可用肥皂液检验，如有气泡发生，则说明有漏气现象，但氧气瓶不能用肥皂液检验。

- 一旦气瓶漏气，除非有丰富的维修经验能确保人身安全，否则不能擅自检修。

1.4 安全防火技术

1.4.1 燃烧和爆炸基础知识

燃烧是可燃物质与空气中氧或其他氧化剂化合时放出光和热的化学反应，被称为燃烧。燃烧的特征有三个：首先燃烧是一种化学反应，其次燃烧时有放热现象，再其次燃烧时伴有发光现象。燃烧按可燃物质的状态的不同可分为气体燃烧、液体燃烧和固体燃烧三种。

气体燃烧是由喷管喷出的可燃气体与空气在火焰面上互相扩散，形成稳定燃烧的扩散火焰。

液体燃烧是大部分液体是蒸发出可燃气体后燃烧，有些液体是受热分解出可燃气体后燃烧，还有些液体是在高温状态下直接进行氧化反应。液体蒸气与空气组成的混合物，遇到火种能着火发生闪燃现象的最低温度，称为该液体的闪点。闪点越低火灾危险性越大。易燃易爆液体的化学结构和物理性质与火灾危险性有以下关系：

① 沸点越低，其闪点也就越低，火灾危险性越大。

② 密度越小，蒸发速度越快，闪点也越低，火灾危险性越大。易燃和可燃液体蒸气的密度一般大于空气，不易扩散，容易燃烧爆炸。

③ 同一类有机化合物中，一般是分子量越小的物质，火灾危险性越大。如甲醇的火灾危险性要比分子量较大的乙醇、丙醇的大。

④ 在脂肪碳氢化合物中，醚的火灾危险性最大，醛、酮、酯类次之，醇类又次之，酸类的火灾危险性比较小。

⑤ 在芳香族碳氢化合物中，以氯基，氢氧基、氨基等基团取代了苯环中的氢而形成的各种衍生物，其火灾危险性一般是比较小的。取代的基团越多，其火灾危险性越小。含碳酸基的化合物不易着火，但含硝基的化合物则很容易着火，含硝基越多，爆炸危险性越大。

⑥ 重质油料的自燃温度比较低，轻质油料的自燃温度比较高。如沥青的自燃温度为280℃，苯的自燃温度为555℃。

⑦ 由不饱和羧酸构成的可燃液体(如干性植物油)分子中具有不饱和的共轭链结构，在室温下易被空气中的氧所氧化，发出热量，使热量逐渐积累起来，故易发生自燃。不饱和程度越大，存在的火灾危险性也越大。

⑧ 介电常数越大的易燃、可燃液体的静电火灾危险性越大，如汽油、煤油，苯、醚、酯等是高电阻的物质，摩擦就产生静电，静电放电过程中就容易发生火灾。醇类、醛类和羧酸介电常数小，其静电火灾危险性很小。

固体燃烧是有些固体是在高温状态下直接进行氧化反应，还有些固体是通过熔融、蒸发，升华成蒸气或经热分解生成可燃气体后燃烧。固体燃烧的规律有四条：一般可燃固体没有明火源不会燃烧；温度低于自燃点时不会燃烧；燃烧速度与含氧量成正比；空气中氧含量低于临界值时不会产生燃烧。

爆炸分为物理性爆炸和化学性爆炸。物理性爆炸是由于气体或蒸气压力骤然增加，超过容器能承受的强度极限面发生的爆炸。化学性爆炸是易燃、易爆物质本身发生剧烈地化学反应，产生的热量来不及扩散，造成高温、高压的生成气，并以很大的力量向周围急剧膨胀的现象。在防火防爆中，一般指的是化学性爆炸。

化学性爆炸现象一般分为：

① 轻爆。火焰燃烧传播速度为每秒数 10cm 至数米的爆炸。

② 爆炸。火焰燃烧传播速度为每秒 10m 至数百米的爆炸。

③ 爆轰。火焰燃烧传播速度为每秒 1000~7000m 的爆炸。

④ 殉爆。一种物质的爆炸引起相邻物质的爆炸。

按爆炸物的状态区分，爆炸的种类有四种。气体、蒸气爆炸；雾滴爆炸；粉尘、纤维爆炸和炸药爆炸(不需外部供氧)。

可燃物的粉尘和空气(氧气)混合，在一定的浓度范围内，由于火源等的作用引起的爆炸称为粉尘爆炸。粉尘爆炸与气体爆炸相比有以下特点：

① 必须有足够数量的尘粒飞扬在空气中才有可能发生粉尘爆炸。

② 粉尘燃烧过程比气体燃烧过程复杂。

③ 粉尘点爆的起始能量大。

④ 粉尘爆炸有产生二次爆炸的危险性，即第一次爆炸作用把一些沉积粉尘扬起，在新的空间内达到爆炸浓度而产生二次爆炸，造成严重破坏。

⑤ 粉尘爆炸会产生两种有毒气体，一种是一氧化碳，另一种是爆炸物，如塑料等自身分解产生的毒气。

影响粉尘爆炸的因素有如下几点：

① 点火源的强弱对粉尘爆炸浓度下限有影响，火源强时，爆炸浓度下限降低，随着点火源的强弱差异，爆炸浓度下限有 2~3 倍的变化。

② 燃烧热高的粉尘，爆炸浓度下限低，爆炸威力大。

③ 燃烧速度高的粉尘，爆炸压力大。

④ 粉尘粒度越细越容易爆炸。

⑤ 含氧量多易爆炸。

⑥ 惰性粉尘和灰分能降低爆炸危险度。

⑦ 粉尘潮湿不易爆炸。

⑧ 在粉尘中增加可燃气体增大爆炸的危险度。

⑨ 温度升高和压力增加使爆炸危险度增大。

现已发现下述七类物质的粉尘具有爆炸性：

① 金属粉。如镁粉、铝粉等。

② 煤粉。如活性炭粉、煤粉等。

③ 粮食粉尘。如小麦、淀粉等。

④ 饲料。如血粉、鱼粉等。

⑤ 农副产品。如棉花、烟草粉尘等。

⑥ 林产品。如纸粉等。

⑦ 合成材料。如塑料、染料粉尘等。

爆炸事故一般具有三个特点：

① 爆炸事故的突然性。爆炸事故发生的时间和地点常常难以预料。在隐患未爆发之前，容易麻痹大意，一旦发生爆炸则又措手不及，这就是爆炸事故的突然性。

② 爆炸事故的复杂性。爆炸事故发生的原因、灾害范围及其后果往往很不相同，这就是爆炸事故的复杂性。

③ 爆炸事故的严重性。对受害者的破坏往往是摧毁性的，损失严重，这就是爆炸事故的严重性。

按其物理和化学性质的不同，危险物品可分为以下五类：

① 爆炸物品。这类物品有强烈的爆炸性，在常温下就有缓慢分解的趋势，受热、摩擦、冲击和某些物质接触后，能发生剧烈化学反应而爆炸，如导火索、雷管、炸药、爆竹等。

② 易燃和可燃液体。这类物品容易挥发，能引起火灾和爆炸，如汽油、煤油、柴油、润滑油以及大部分有机溶剂等。

③ 易燃和可燃气体。这类物品受热、冲击或遇到火花能发生燃烧和爆炸，如氢气、煤气、乙炔和氨气等。

④ 自燃物品。这类物品不需要外来火源(明火)，在一定条件下，能自身产生热量而燃烧。如黄磷、硝化纤维、胶片、油布、油纸等。

⑤ 遇水燃烧物品。这类物品遇水后产生分解，从而产生可燃气体；放出热量，可引起燃烧和爆炸，如金属钠、碳化钙、锌粉、金属钙等。

塑料制品工业中常用树脂的燃烧和爆炸的化学性质如下：

① 聚乙烯树脂。聚乙烯树脂可燃，其粉尘在空气中能形成爆炸混合物，爆炸下限为 $12.6g/m^3$，爆炸最大压力为 5.488×10^5Pa，沉积粉尘的自燃点为 800℃，点火最低能量为 30MJ，火焰呈蓝黄色，有石蜡气味。树脂应储于阴凉通风的专用库房，要严禁烟火。灭火剂可用雾状水、泡沫等。

② 聚氯乙烯树脂。聚氯乙烯树脂在 120~150℃时分解，一般情况下难燃，在有火源时能燃烧。火焰呈现黄绿色，有刺激酸味，其粉尘在空气中有爆炸危险，爆炸下限为 $100g/m^3$，爆炸最大压力为 8.324×10^5Pa，点火最低能量为 60MJ。应储于阴凉通风的专用库房。灭火剂用雾状水、泡沫等。

③ 聚丙烯树脂。聚丙烯树脂可燃烧，火焰呈蓝黄色，有石蜡气味，其粉尘在空气中有爆炸危险，爆炸下限为 $12.6g/m^3$。应储于阴凉通风的库房。灭火剂用雾状水，泡沫等。

④ 聚苯乙烯树脂。聚苯乙烯树脂可燃烧。火焰呈棕黄色，同时有黑烟，有特殊味。其粉尘在空气中有爆炸危险，爆炸下限为 $15g/m^3$，自燃点为 488℃，最大爆炸压力为 6.468×10^5Pa，粉尘点火最低能量为 15MJ。应储于阴凉通风专用库房。灭火剂用雾状水、泡沫等。

1.4.2 预防火灾技术

发生火灾的原因很多，但是主要有以下几方面：用火不慎，如使用炉火，灯火不慎，乱丢未熄灭的火柴、烟头，死灰复燃等引起火灾。用火设备不良，如火炉、烟囱等不符合防火要求，靠近可燃物或多年失修，裂缝处窜火等，能引起燃料起火。违反操作规程，如在进行焊接、烘烤、熬炼等操作中，没有遵守防火规定，在易燃易爆场所穿带铁钉的鞋或敲打铁器引起火花，在充满汽油蒸气、乙炔、氧气等的房间内吸烟，使用明火等引起火灾。电气设备安装、使用不当，如电气设备及其安装不合乎规格，绝缘不良、超负荷、电气线路短路，在电灯泡上包纸和布等可燃物、乱接乱拉电线，忘记切断电源，在易燃易爆场所内使用普通照明及电动机和拉临时线等。爆炸引起火灾，火药爆炸，化学危险品爆炸，粉尘、纤维爆炸，可燃气体爆炸，可燃、易燃液体蒸气爆炸以及电器设备、乙炔发生器，油罐等某些生产爆炸造成火灾。自燃起火，浸油的棉织物、硝化纤维胶片，硫化亚铁黄磷、磷化氢，金属钠、钾、锂、钙等与水接触爆炸起火等。聚氨酯、聚乙烯泡沫塑料，在发泡后较短时间内容易发生自燃失火，凡是能自燃的物质，都能引起火灾，自燃点越低越危险。静电放电、雷击起火，如转动的皮带，沿绝缘导管流动的易燃液体、可燃粉尘等，都容易产生静电，特别是塑料制品车间，静电电压都很高，如果没有防护措施就容易引起火灾。雷击容易造成火灾。纵火，刑事纵火破坏，以及精神病患者或儿童玩火等引起火灾。

1.4.3 灭火技术

针对燃烧的三个条件灭火最基本的方法有三种：

① 隔离法。隔离法是将燃烧物或燃烧物附近的可燃物质隔离或移开，使火势不能继续蔓延，燃烧就会因为缺少燃烧物质停止。

② 冷却法。冷却法是灭火的重要方法，主要用水或二氧化碳来冷却降温，使温度降到燃点以下即可灭火。

③ 窒息法。窒息法是阻止空气流入燃烧区域或者用不燃烧的气体冲淡空气，使燃烧缺氧或得不到氧而熄灭。

另外还有化学中断法，又叫抑制法。用化学灭火剂喷向火焰，让灭火剂参与到燃烧的反应过程中去，使游离基的链锁反应中断，达到灭火的目的。

实际运用的隔离灭火方法有以下几种：

① 迅速用安全的方法将燃烧物转移到不致扩大燃烧的地方。

② 迅速移开火源附近的可燃物、易燃物及助燃物品。

③ 拆除与燃烧着火物毗连连的易燃建筑。

④ 迅速关闭可燃气体、液体管道的阀门，减少和中止可燃物质进入燃烧区。

⑤ 封闭建筑物的孔洞，防止火焰、热气流、可燃气体或蒸气蔓延。

⑥ 设法筑堤阻拦燃烧的液体泛滥、流淌。

实际运用的冷却灭火方法有：

① 用水或二氧化碳直接喷洒在燃烧物上，以夺取燃烧物的热量，把温度降到该物质的

燃点以下。

② 将灭火剂喷洒在火源附近的可燃物或建筑物上使其温度降低，以减少辐射热的影响，从而防止火灾蔓延或爆炸。

常用的窒息灭火方法有以下几种：

① 用石棉毯、湿麻袋、湿棉被、砂土等不燃或难燃物质覆盖在燃烧物上，以隔绝空气，使燃烧停止。

② 将水蒸气或不燃气体灌注在容器设备中或喷洒在燃烧物质的四周，以稀释空气中的氧，使氧降低到引起物质燃烧的含量以下。

③ 封闭起火的船舱、建筑棚设备的门窗，孔洞等，使内部氧气在燃烧反应中消耗，得不到补充，从而起到窒息作用。

2 金属材料加工安全

2.1 热处理工艺

热处理是将金属材料放在一定的介质内加热、保温、冷却，通过改变材料表面或内部的金相组织结构，来控制其性能的一种金属热加工工艺。

在从石器时代进展到铜器时代和铁器时代的过程中，热处理的作用逐渐为人们所认识。早在公元前770—前222年，中国人在生产实践中就已发现，铜铁的性能会因温度和加压变形的影响而变化。白口铸铁的柔化处理就是制造农具的重要工艺。公元前6世纪，钢铁兵器逐渐被采用，为了提高钢的硬度，淬火工艺遂得到迅速发展。中国河北省易县燕下都出土的两把剑和一把戟，其显微组织中都有马氏体存在，说明是经过淬火的。随着淬火技术的发展，人们逐渐发现淬冷剂对淬火质量的影响。三国蜀人蒲元曾在今陕西斜谷为诸葛亮打制3000把刀，相传是派人到成都取水淬火的。这说明中国在古代就注意到不同水质的冷却能力了，同时也注意了油和尿的冷却能力。中国出土的西汉(公元前206—公元24年)中山靖王墓中的宝剑，心部含碳量为0.15%~0.4%，而表面含碳量却达0.6%以上，说明已应用了渗碳工艺。但当时作为个人“手艺”的秘密，不肯外传，因而发展很慢。1863年，英国金相学家和地质学家展示了钢铁在显微镜下的六种不同的金相组织，证明了钢在加热和冷却时，内部会发生组织改变，钢中高温时的相在急冷时转变为一种较硬的相。法国人奥斯蒙德确立的铁的同素异构理论，以及英国人奥斯汀最早制定的铁碳相图，为现代热处理工艺初步奠定了理论基础。与此同时，人们还研究了在金属热处理的加热过程中对金属的保护方法，以避免加热过程中金属的氧化和脱碳等。1850—1880年，对于应用各种气体(诸如氢气、煤气、一氧化碳等)进行保护加热曾有一系列专利。1889—1890年英国人莱克获得多种金属光亮热处理的专利。20世纪以来，金属物理的发展和其他新技术的移植应用，使金属热处理工艺得到更大发展。一个显著的进展是1901—1925年，在工业生产中应用转筒炉进行气体渗碳。20世纪30年代出现露点电位差计，使炉内气氛的碳势达到可控，以后又研究出用二氧化碳红外仪、氧探头等进一步控制炉内气氛碳势的方法。20世纪60年代，热处理技术运用了等离子场的作用，发展了离子渗氮、渗碳工艺。激光、电子束技术的应用，又使金属获得了新的表面热处理和化学热处理方法。

2.1.1 热处理的分类

将金属在固态范围内通过一定方式的加热、保温和冷却处理程序，使金属的性能和显微组织获得改善或改变，这种工艺方法称为热处理。根据热处理的目的不同，有不同的热处理方法，主要可分为下述几种：

退火：在退火热处理炉内，将金属按一定的升温速度加热到临界温度以上 300 ~500℃，其显微组织将发生相变或部分相变，例如钢被加热到此温度时，珠光体将转变为奥氏体。然后保温一段时间，再缓慢冷却(一般为随炉冷却)至室温出炉，这整个过程称为退火处理。退火的目的是清除热加工时产生的内应力，使金属的显微组织均匀化(得到近似平衡的组织)，改善机械性能(例如降低硬度，提高塑性、韧性和强度等)，改善切削加工性能等等。视退火处理工艺的不同，可分为普通退火、双重退火、扩散退火、等温退火、球化退火、再结晶退火、光亮退火、完全退火、不完全退火等多种退火工艺方式。

正火：在热处理炉内，将金属按一定的升温速度加热到临界温度以上 200 ~600℃，使显微组织全部变成均匀的奥氏体(例如钢在此温度时，铁素体完全转变为奥氏体，或者二次渗碳体完全溶解于奥氏体)，保温一段时间，然后置于空气中自然冷却(包括吹风冷却和堆放自然冷却，或者单件在无风空气中自然冷却等多种方法)，这整个过程称为正火处理。正火是退火的一种特殊形式，由于其冷却速度比退火快，能得到较细的晶粒和均匀的组织，使金属的强度和硬度有所提高，具有较好的综合机械性能。

淬火：在热处理炉内，将金属按一定的升温速度加热到临界温度以上 300 ~500℃，使显微组织全部转变成均匀的奥氏体，保温一段时间，然后快速冷却(冷却介质包括水、油、盐水、碱水等)，获得马氏体组织，可显着提高金属的强度、硬度和耐磨性等。淬火时的快速冷却导致的急剧组织转变会产生较大的内应力，并使脆性增大，因此必须随后及时进行回火处理或时效处理，以获得高强度与高韧性相配合的性能，一般较少仅仅采用淬火处理的工艺。视淬火处理的对象和目的不同，淬火处理可分为普通淬火、完全淬火、不完全淬火、等温淬火、分级淬火、光亮淬火、高频淬火等多种淬火工艺方式。

表面淬火：这是淬火处理中的一种特殊方式，它是利用例如火焰加热法、高频感应加热法、工频感应加热法、电接触加热法、电解液加热法等多种加热方式，使金属的表面快速加热到临界温度以上，在热量还未来得及传入金属内部之前就迅速加以冷却(即淬火处理)，这样可以达到将金属表面淬硬到一定深度(形成有一定深度的淬硬层)，而金属内部仍保持原组织，满足外硬内韧的使用需要。表面淬火的加热速度快，温度高，金属内外温差大，加上冷却速度快，因此内应力很大，容易产生裂纹，这是必须注意的。

回火：将已淬火的金属重新加热到临界温度以下的某一温度(视此温度的不同而有高温回火、中温回火和低温回火之分)，保温一段时间，然后在空气中或油中冷却，这整个过程称为回火处理。回火处理的目的是降低淬火处理引起的脆性和消除内应力，稳定金属零件的几何尺寸和获得所需要的机械性能。

金属材料淬火后如果不及时回火，则往往容易造成工件开裂(硬度很高然而脆性很大)和变形较大。但是，如果回火温度选择不当，在某些温度区域回火时会发生回火脆性(回火处理后韧性反而下降)，这是必须注意的。在实际应用中，常把淬火+高温回火统称为调质处理。

化学热处理：把金属放入化学介质中进行加热时，某些化学元素的原子将借助高温发生原子扩散，渗入到金属表面层，改变了金属表面层的化学成分，使金属表面层具备特定的组织和性能，这种方法称为化学热处理。化学热处理的方法主要有：

① 渗碳——向金属表面层渗入碳原子，用以提高金属表面层的含碳量，从而提高金属表面层的硬度和耐磨性，常用的渗碳介质是木炭。

② 渗氮(氮化)——利用氨气在加热时分解出来的活性氮原子渗入金属表面层，可提高金属表面层的耐磨性。

③ 碳氮共渗(氰化)——把渗碳与渗氮结合起来，将活性碳原子与氮原子同时渗入金属表面层来提高金属表面层的硬度和耐磨性。

化学热处理的主要目的是提高金属表面的硬度、耐磨性、耐蚀性、耐热性以及抗疲劳性等，除了上述常见的三种化学热处理方法外，还有渗硅、渗硼、渗铝、渗铬等，以适应不同的目的用途。

时效：金属或合金经过淬火处理或加工，特别是经过一定程度的冷、热加工变形后，其性能会随时间而改变，这种现象称为时效现象，经过时效后的金属或合金其强度和硬度能有所增加，塑性、韧性和内应力有所降低，显微组织更加稳定。

在热处理工艺方法中的时效处理，是指把金属或合金有意识地在室温或者较高温度下存放一定时间，以达到改善性能、稳定显微组织目的的工艺过程。将淬火或者淬火+回火后的金属在时效处理炉中加热到室温以上(一般为 100 ~200℃)，保温一段时间，然后取出自然冷却，这种方法称为人工时效。如果在淬火后利用室温或自然环境温度达到时效效果时，则称为自然时效。

时效处理多用于有色金属，例如铝合金、镁合金、钛合金等，也有用于钢，以达到稳定显微组织和几何尺寸，增强机械性能(强化)的效果。与时效处理相类似的还有，固溶强化处理是把金属加热到适当温度，充分保温，使金属中的某些组元溶解到固溶体内形成均匀的固溶体，然后急速冷却，得到过饱和固溶体，可以改善金属的塑性和韧性，然后再作沉淀硬化(强化)处理，提高其强度。沉淀硬化(强化)处理是把经过固溶处理或者又经过冷加工变形的金属加热到一定温度，保温一段时间，则从饱和固溶体中析出另一相，达到硬化的目的。其他还有低温处理(冷处理)、盐浴处理等。

2.1.2 热处理设备

从安全技术的角度出发，热处理的主要设备可分类如下：

(1) 加热炉

加热炉是热处理过程中加热工件用的设备。根据加热介质不同，加热炉可分为三类。

第一类是盐浴炉。盐浴炉指用熔融盐液作为加热介质，将工件浸入盐液内加热的工业炉(能通过金属电极在盐液中加热)。根据炉子的工作温度，通常选用氯化钠、氯化钾、氯化钡、氰化钠、氰化钾、硝酸钠、硝酸钾等盐类作为加热介质。盐浴炉的加热速度快，温度均匀。工件始终处于盐液内加热，工件出炉时表面又附有一层盐膜，所以能防止工件表面氧化和脱碳。盐浴炉可用于碳钢、合金钢、工具钢、模具钢和铝合金等的淬火、退火、回火、氰化、时效等热处理加热，也可用于钢材精密锻造时少氧化加热。盐浴炉加热介质的蒸气对人体有害，使用时必须通风。盐浴炉分内热式和外热式两大类。内热式盐浴炉又分为电极盐浴炉和电热元件盐浴炉两种。

第二类是电阻炉。电阻炉是利用电流使炉内电热元件或加热介质发热，从而对工件或物料加热的工业炉。如箱式电阻炉是以空气作为加热介质，井式渗碳炉是以含碳气氛作为加热介质。电阻炉在机械工业中用于金属锻压前加热、金属热处理加热、钎焊、粉末冶金烧结、玻璃陶瓷焙烧和退火、低熔点金属熔化、砂型和油漆膜层的干燥等。

第三类是油浴炉。油浴炉是利用热源(电加热、或者其他方式)加热导热油，然后以导热油为中间媒介加热目标物，优点是容易控制温度、稳定性较好，缺点是升温较慢、能耗略大等。

(2) 冷却槽

冷却槽是热处理过程中对已加热的工件进行淬火冷却用的设备。根据槽液不同，冷却槽可分为四类。

硝盐槽：用硝酸盐、亚硝酸盐经加热熔化后作为淬火冷却槽液。

碱浴槽：用苛性钾、苛性钠经加热熔化后作为淬火冷却治槽液。

机油槽：用机油作为淬火冷却槽液。

盐水槽：用盐水作为淬火冷却槽液。

(3) 淬火机

淬火机一般包括加热、冷却两个部分。它既是加热设备，又是冷却设备。根据热源不同淬火机分为两类，第一类是高频表面淬火机，以高频电流对工件表面进行加热。第二类是火焰表面淬火机，以“氧气-乙炔”火焰对工件表面进行加热。

2.1.3 普通盐浴炉

2.1.3.1 工艺过程

普通盐浴炉是以普通熔盐作为加热介质的液浴炉。根据使用温度，可分为三类，高温盐浴炉，浴盐为100% $BaCl_2$，使用温度为1100~1300℃。中温盐浴炉，浴盐为100% NaCl，使用温度为700~1000℃。低温盐浴炉，浴盐为100% KNO_3，使用温度为350~600℃。图2.1所示为插入式电极盐浴炉结构示意图，它的工作原理是利用两根、三根或多根电极，将电流引入到浴盐中。当电流通过浴盐时，由于浴盐电阻的热效应而将浴盐熔化并升温到工作温度。控制电流的通断，就可以使熔盐保持在恒定的温度范围，从而可以将工件放入盐浴中加热。

图2.2为外热式浴炉，外热式浴炉主要由炉体和坩埚组成，将液体介质放入坩埚中，热原放在坩埚外部。热量通过坩埚壁传入介质中进行加热。坩埚材料由耐热钢、低碳钢、不锈钢焊接或耐热钢、铸铁铸造而成。其热源为电热或油、煤、焦炭等。适用于淬火、正

火、回火、特别是液体化学热处理。其缺点是：必须使用坩埚加热、热惰性大；坩埚内外温差大(100~150℃)；使用温度不能太高，一般在900℃以下，限制了使用范围。其优点是不需昂贵的变压器，启动操作方便等。

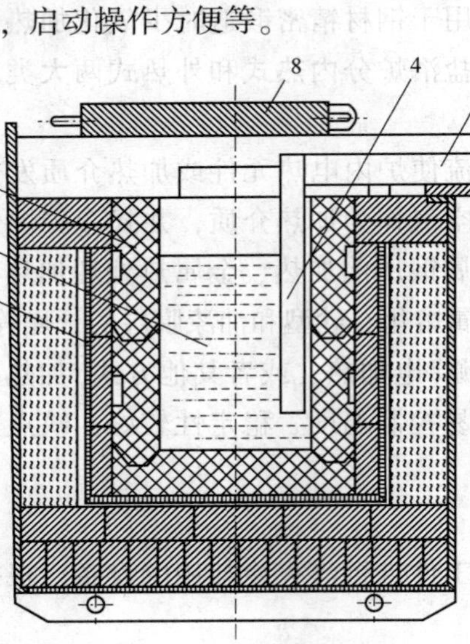

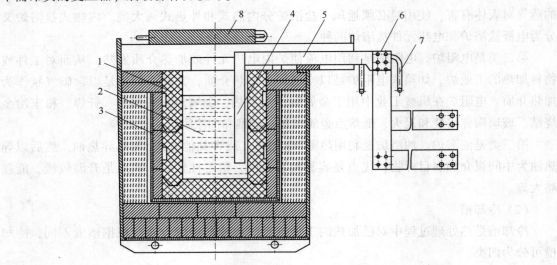

图 2.1　插入式电极盐浴炉结构示意图

1—入坩埚；2—埚炉膛；3—膛炉胆；4—胆电极；5—极电极柄；6—极汇流板；7—流冷却水管；8—炉盖

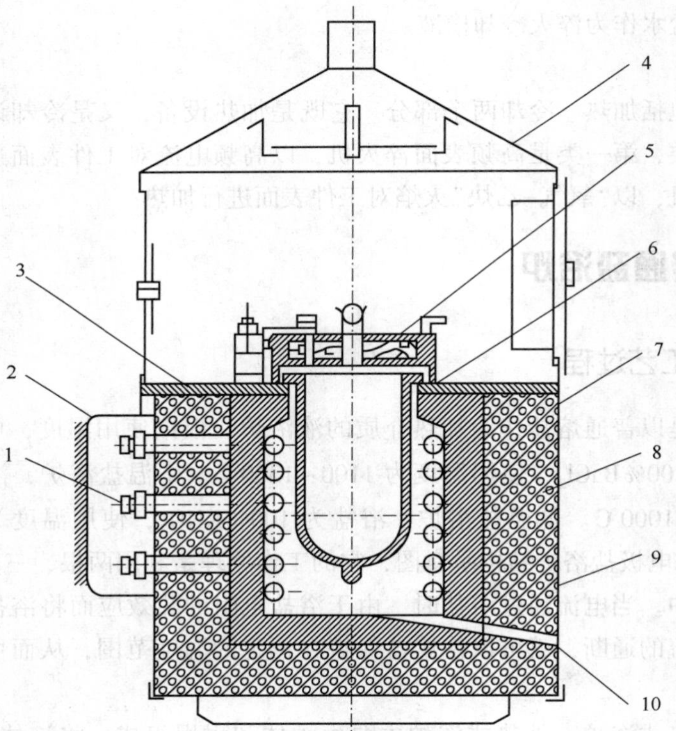

图 2.2　外热式坩埚浴炉

1—接线柱；2—保护罩；3—炉面板；4—排气罩；5—炉盖；
6—坩埚；7—炉衬；8—电热元件；9—炉壳；10—流出孔

2.1.3.2 职业危害

热处理电阻炉的职业危害主要有盐液爆炸飞溅、高温中暑、水盐代谢紊乱、热辐射性眼病及触电事故。

(1) 盐液爆炸飞溅

盐液爆炸飞溅的原因主要有三点：

① 挂具、工件、新盐在入炉前，预热时间或预热温度不够。挂具的缝隙中有未干的淬火液；工件的槽孔内有未干的切削液；新盐的晶体间有未干的结晶水。这些固态或液态的水分，一旦进入高温熔盐，立刻迅速汽化，体积迅速膨胀，从而引起盐液爆炸飞溅。

② 挂具、工件或新盐中带有易分解的硝酸盐、碳酸盐。这些盐类进入高温熔盐时，迅速分解，产生大量气体而使盐液爆炸飞溅。

$$2NaNO_3 = 2NaNO_2 + O_2\uparrow$$

$$Na_2CO_3 = Na_2O + CO_2\uparrow$$

③ 盐浴炉启动时，下部先熔化，由于上部固态盐与炉腔紧密结合，使下部液态盐处于密封状态。随着温度上升，液态盐体积增大、压力增大。当压力过大，硬壳突然破裂从而导致盐液爆炸飞溅。

(2) 高温中暑

中温盐浴炉的使用温度通常在850℃左右，高温盐浴炉的使用温度通常在1280℃左右，这些炉子的表面温度一般都在100~250℃。故在盐浴炉前工作，属高温、强辐射作业。

(3) 水盐代谢紊乱

在炎热的夏季，一般人每日排汗量在1L左右。但在高温环境中从事体力劳动时，人体大量排汗，一个工作日可达5L以上。有人提出，一个工作日出汗量以6L为生理最高限量。当水分丧失达体重的5%~8%而不能及时得到补充时，就可能引起水盐代谢紊乱。因为，大量排汗，使血液浓缩，增加了心脏和肾脏的负担；大量排汗，使血液中的NaCl的含量减少，使形成胃酸(HCl)所必须的氯离子降低，导致胃酸减小，从而引起消化不良。统计表明，热加工工人胃肠道病的发病率较普通岗位工人高得多。

(4) 热辐射性眼病

光谱分析证实，中温炉可辐射出长波红外线，高温炉能辐射出短波红外线及部分紫外线。红外线及紫外线所产生的职业性危害如下：

① 紫外线眼病，又称电光性眼炎，是最常见的辐射性眼病，由光源或热源的紫外线所引起。该病潜伏期为数小时，一般在当晚夜间发作。

② 红外线白内障，又称热处理工白内障，也叫锻工白内障，由光源或热源的红外线所引起。该病潜伏期可达10余年，一般在从事低温炉工作的老年热处理工人中发现。

③ 红外线视网膜灼伤，7600~16000Å的短波红外线，可透到视网膜，使其温度急剧上升，短时间即可发生灼伤。灼伤程度主要取决于照射部位受到照射强度。

2.1.3.3 防护措施

(1) 对盐液爆炸飞溅的防护措施

① 工件、挂具、新盐必须按工艺规程进行预热。保证预热温度，保证预热时间，保证将淬火液、切削液、普通水、结晶水彻底除净。

② 在库房严禁易分解的 $NaNO_3$、Na_2CO_3 等混入中温盐（NaCl）或高温盐（$BaCl_2$）中。在现场严禁在硝盐槽中用过未经清洗的挂具、炉钩等进入熔盐。

③ 在盐炉启动过程中，当炉膛底部的盐熔化到一定程度时，要用专用工具将表面层壳盖砸裂，以成型减压通道。

④ 炉面上设置炉罩。万一发生盐液爆炸飞溅，亦可将它控制在一定范围，从而大幅度地减少人员的伤亡及设备的损坏。

（2）对高温中暑的防护措施

① 改造设备：新建盐炉或在旧盐炉大修时，可在炉壳内壁贴砌绝热性良好的硅酸铝纤维之类的隔热板，从而减少炉壁的散热量。

② 设置通风：当室内空气温度高比重小、室外空气温度低比重大时，会形成一个内外热压差。在这个热压差的作用下，温度低比重大的室外空气将由房基下部开口处流入室内；温度高比重小的室内空气将由房顶上部天窗处排出室外。这样就形成了自然通风换气，从而使室内内气温下降。在自然通风不能满足降温要求时，可采用机械通风。

（3）对水盐代谢紊乱的防护措施

为了使高温作业工人能补充机体随汗液排出的大量水分和盐分，维持水盐代谢平衡，必须及时供应含盐清凉饮料。清凉饮料的 NaCl 含量一般在 0.1%~0.3%。

（4）对热辐射性眼病的防护措施

对热辐射性眼病，主要是加强个体防护。有关防紫外线、红外线滤光玻璃的研究，国外在 20 世纪 30 年代就已开始。经过近半个世纪的努力，已生产出一系列标准化的产品。

2.1.4 氰盐炉

2.1.4.1 工艺过程

氰盐炉分为加热氰盐炉和氰化氰盐炉两类。

加热氰盐炉的功能是对工件进行加热、保温。其浴盐除普通盐（NaCl、$BaCl_2$）外，还有一定量的氰盐（NaCN、KCN）。采用氰盐的目的，是防止工件在加热过程中氧化、脱碳，从而保证淬火后零件的表层硬度。

氰化氰盐炉是对钢制零件进行氰化处理的专用设备。氰化处理的目的是为了提高零件表层的 C、N 含量，提高零件表层的硬度、抗磨性、抗蚀性和疲劳强度，从而延长零件的使用寿命。氰化氰盐炉的浴盐成分通常为 NaCl 60%、NaCN 25%和 Na_2CO_3 15%。

2.1.4.2 职业危害

氰化物是剧毒物品，它严重地损害神经系统。它们可以从口腔、呼吸道、甚至皮肤直接进入人体体内。氰化物的毒理作用在于 CN^- 抑制了细胞色素氧化酶的作用，使细胞不能及时得到足够的氧，生物氧化作用不能正常进行，造成“细胞内窒息”，引起组织缺氧而中毒。

氰化物中毒症状：开始时喉头窘迫，头昏目眩，神志不清，视觉模糊，眼睛发红，瞳孔散大；稍后便发生抽搐，失去知觉，呼吸困难，心律不齐，血压下降，体温降低；随即就全身瘫痪，反应消失，呼吸停止而死亡。如在短期内大量吸入或误食氰化物，可在数秒钟内无预兆地突然昏迷，造成所谓“闪电型”中毒，数分钟内即会死亡。

2.1.4.3 防护措施

(1) 氰化物的储藏

氰化物吸水性很强，能够与空气中的 CO_2 及 H_2O 作用而生成剧毒的 HCN。所以氰化物必须严密包封，最好用密封的内表面镀锌的金属桶来盛装。

$$2NaCN + CO_2 + H_2O \xlongequal{} Na_2CO_3 + 2HCN\uparrow$$

氰化物极易与酸作用而生成 HCN，HCN 极易挥发而形成 HCN ↑。所以氰化物严禁与酸类一起存放。

$$KCN + HCl \xlongequal{} KCl + HCN$$

$$2KCN + H_2SO_4 \xlongequal{} K_2SO_4 + 2HCN$$

氰化物储藏室内必须装有通风设备，其启动装置应在室外。工人进入储藏室前，先开动通风机，5min 后方可进入。

(2) 氰盐炉的设计

根据国卫标准规定：室内空气中 HCN 的浓度不得超过 0.3mg/m³。因此，氰盐炉必须有完善的通风设备，否则无法工作。

(3) 氰盐炉的操作

氰盐炉的操作，除遵守普通盐浴炉的通用操作规程外，还应注意下列事项：

① 准备工作

凡有溃疡性皮肤病及外伤伤口未完全愈合、且患处暴露在外者，不得从事氰盐炉工作。操作人员必须严格按有关规定配戴劳保用品，如帽子、口罩、眼镜手套、工作服、橡胶靴。氰盐炉在使用前，先打开抽风机进行抽风。10min 后，方可开门进行工作。

② 生产工作

严禁带有硝酸盐（如 KNO_3），亚硝酸盐（如 $NaNO_2$）、氯酸盐（如 $KClO_3$）工件、挂具、夹具进入氰盐炉内，以防因氧化还原反应而发生盐液爆炸飞溅。

若通风量降低 5%、报警装置发出信号或通风装置发生故障时，应立即停止工作，关闭氰盐炉，全体人员撤离现场。当炉温升到 850℃左右时，因盐液挥发速度加快而冒出白烟。白烟中含有大量氰盐蒸气，危害极大。因此可在盐液表面覆盖薄层石墨粉，以减少盐液挥发。

③ 结束工作

停炉后，在盐浴表面未凝固前，不得停止抽风。停炉后，必须进行全面、彻底的消毒处理。

④ 氰化物的消毒

沾染物包括接触氰盐的工具、绑扎工件的铁丝、当天捞出的炉渣以及氰盐沾染的地面等。消毒的方法是用 $FeSO_4$ 进行“中和-清洗”处理，中和溶液成分为 5%～10% $FeSO_4$，中和溶液温度为 30～50℃，中和作用时间一般要大于 10 min，中和作用反应机理如下：

$$6NaCN + FeSO_4 = Na_4Fe(CN)_6 + Na_2SO_4$$

$$6KCN + FeSO_4 = K_4Fe(CN)_6 + K_2SO_4$$

由于 $Na_4Fe(CN)_6$、$K_4Fe(CN)_6$ 不含游离的 CN^- 所以没有毒性。对沾染地面，则是先用酚酞酒精溶液进行检查，凡呈红色处，表示有氰盐沾染。此处可喷洒上述溶液、采用上述方法进行"中和–清洗"处理。

含氰废水包括沾染氰盐的淬火液、中和液、清洗液等也是用 $FeSO_4$ 处理。含氰废气中由于它含有一定量的氰盐，不能直接排放在大气中，应将它导入过滤器的"铁屑过滤层"。此时，氰盐便与铁屑表面的氧化亚铁在碱性溶液中起化学作用而生成无毒溶液。

$$2NaCN + 5FeO + 2NaOH = 2Na_2CO_3 + N_2\uparrow + H_2O + 5Fe$$

2.1.5 箱式电阻炉

2.1.5.1 工艺过程

箱式电阻炉，在机器制造的热处理车间得到广泛的应用。它既适用于中型零件，也适用于小型零件；它既适用于退火、正火、淬火、回火加热，也适用于固体渗碳、渗硼。对单件和小批量生产的车间，采用箱式炉就更为经济合理。

箱式炉的构造如图 2.3 所示。热处理时，先切断电源，打开炉门，再用专用工具将零件直接装在炉膛下部的炉底板上。然后关闭炉门，送电升温。当指示仪表到达工艺规定温度、工艺规定时间时，便可切断电源，打开炉门，将工件取出在水中、油中或空气中冷却，以完成热处理工序。

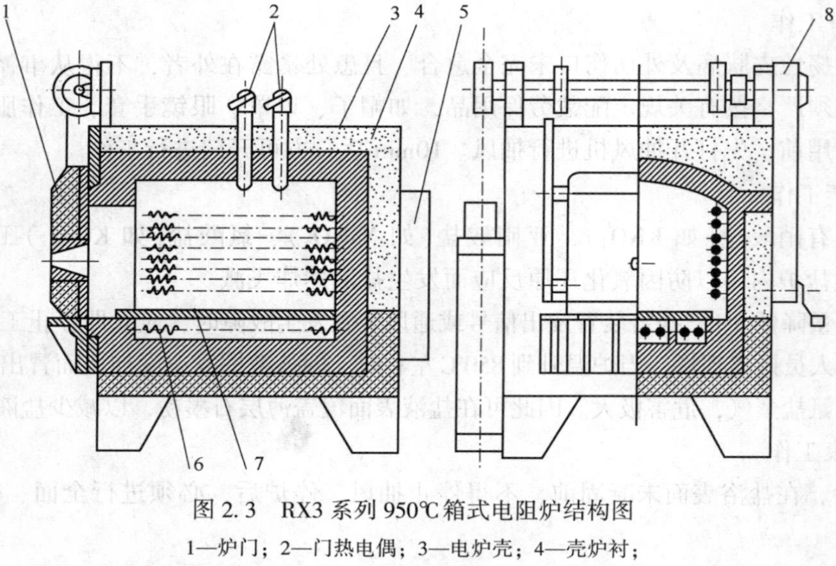

图 2.3 RX3 系列 950℃ 箱式电阻炉结构图

1—炉门；2—门热电偶；3—电炉壳；4—壳炉衬；

5—衬罩壳；6—壳加热元件；7—热炉底板；8—板炉门升降机构

2.1.5.2 职业危害

箱式炉的职业性危害，除盐浴炉中提到的“高温中暑”“水盐代谢紊乱”“热辐射性眼病”外，还有触电事故。

盐浴炉炉膛的工作电压，一般都在36V以下，不存在触电问题。而箱式炉炉膛的工作电压却高得多。当电源线电压为380V时，三相箱式电阻炉应为星形联接，当车间电源线电压为220V时，三相箱式电阻炉应为角形联接。不论星接、角接，其相电压都是220V，且加热元件不能绝缘遮盖，完全暴露在外，故稍一不慎，便可发生触电事故。众所周知，箱式电阻炉上发生的触电事故，为热处理车间在触电方面的多发性事故，故本节将以箱式电阻炉为例，重点介绍热处理的电气安全技术。电流对人体的危害，主要取决于下列因素：

(1) 电流的大小

通过人体而不影响人体安全的电流称为“安全电流”。关于“安全电流”的数值，争议较大。对50Hz的交流电来说，“安全电流”的为10mA，人体可以忍受并能自主摆脱电源的最大电流(摆脱电流)约为20mA，当电流达到100mA时，即可使人死亡。

(2) 通电的时间

电流通过人体的时间越长，对人体的伤害也越严重。心脏对电流作用的敏感性最大，危险性最大。显然，触电时间大于1s时，必然会和间隙期相遇，死亡的几率也越高。为了使受到电击、电流超过“摆脱电流”的触电者能由他人“摆脱”，故热处理车间严格规定，操作380/220V的箱式电阻炉时，至少有两人在场。

(3) 电流的频率

通常而言，25~75Hz的频率，摆脱电流值最低，即危险性最大。而380/220V的箱式电阻炉，其电流频率正好为50Hz，处在危险区间的中点。所以，热处理车间使用箱式电阻炉时对触电的防护，应予特别关注。

(4) 电流的途径

电流的途径与伤害的程度关系极大，电流通过中枢神经系统，会引起中枢神经系统失调而导致死亡。电流通过大脑，会引起大脑紊乱而导致昏迷。电流通过脊髓，会引起脊髓损伤而导致瘫痪。电流通过心脏，会引起心室颤动而导致血液循环中断。

2.1.5.3 防护措施

(1) 保护接地

在三相三线中性点不接地系统中，为了保护操作者的安全，常采用“保护接地”，即用适当的导线把电器设备的金属外壳和大地连接起来。采用“保护接地”后，虽然某相电源因某种原因而“碰壳”，但当工作人员触及带电的外壳时，因人体电阻远远大于接地电阻，故通过人体的电流就非常微小，这样就保证了人身的安全。

(2) 保护接零

一般热处理车间的箱式电阻炉，多是380/220V中性点接地的星形联接三相四线制。在这种系统中，如果不采取任何安全措施，则设备某相发生“碰壳”时，触及设备的人体将近承受220V的相压，显然是非常危险的，在这种系统中，如果采用前述的“保护接地”，其效果也是不好的，三相四线中性点接地系统必须采取“保护接零”。即用一根专用导线把电器设备的金属外壳接到零线上。

(3) 安装闭锁装置

为了避免热处理工的炉钩及其他工具碰上电热元件，箱式电阻炉炉门上部的转轴上，都应设有闭锁装置。当装卸零件而打开炉门时，闭锁装置能自动将电路切断。热处理车间，素有“电老虎”之称，用电量大，电器设备多。编者认为闭锁装置是热处理车间应用电炉时最主要的安全措施。

(4) 遵守操作规程

① 箱式电阻炉的电热元件都裸露在炉膛内侧，稍不注意，便会造成人身、设备事故。因此，操作者应严守操作规程。

② 工件装炉之前，应先检查炉底板是否铺好。板与板间，不得有过大空隙，以免工件、氧化皮落到炉底板下面的电阻丝上，从而导致电热元件局部短路。

③ 工件装炉、出炉，一定要先切断电源，以免发生触电事故。

④ 装炉量不宜过多；立式摆放要做到平稳垂直；集中堆放要做到平稳不滑。这样，在关炉门时，工件才不致因受到震动而发生位移，从而导致接触电热元件而发生设备、人身事故。

⑤ 在开炉过程中，要按规定检查测温仪表，避免仪表失控。

⑥ 电热元件断损后，应用相同材料焊接。用低碳钢焊条焊接，亦属允许范围，但修复后的炉丝电阻应与原来相同，不得超过规定的允许误差。

2.1.6 井式电阻炉

井式电阻炉外形为圆形，一般置于地坑中，常用来加热细长工件，因为在吊挂状态下加热可以防止工件产生弯曲。小型零件可放在料筐中再送入炉内加热，采用起重设备进行装炉与出炉，操作方便。井式电阻炉的炉膛较深，上下散热条件不一样，为使炉膛温度均匀，常采用分段(区)控制温度。各段的电热体是独立供电，各段均有一热电偶控制该段温度。当该段温度超过规定值时，由热电偶发出信息，使该段电热体断电；反之，若该段温度低于规定值时，则电热体通电，炉子升温。常用的井式炉有低温井式电阻炉、中温井式电阻炉、高温井式电阻炉和井式气体渗碳炉等。井式电阻炉的结构如图 2.4 所示。

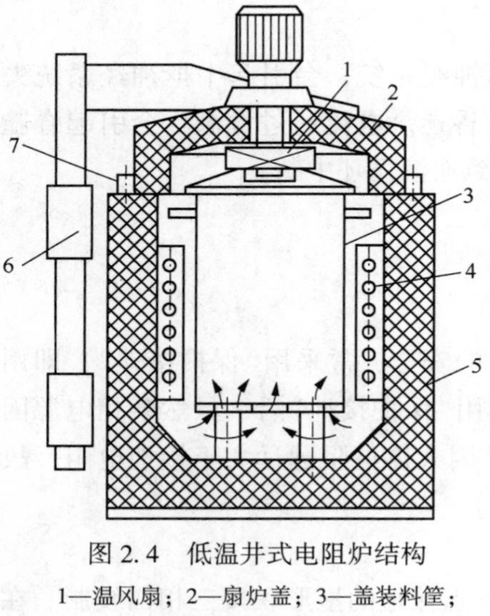

图 2.4　低温井式电阻炉结构

1—温风扇；2—扇炉盖；3—盖装料筐；4—料加热元件；5—热炉衬；6—炉盖启闭机构；7—盖砂封

2.1.6.1 工艺过程

以下从安全技术角度介绍井式渗碳炉和井式氮化炉。

井式渗碳炉：低碳钢经“淬火-低回”后，韧性高而硬度低；高碳钢经“淬火-低回”后，硬度高而韧性低。有些零件，如航空发动机齿轮，其运转接触面要求有极高的硬度，以抵抗强烈磨损，零件整体又要求有极高的韧性，以承受冲击载荷。在这种情况下，便可采用低碳钢加工成型，然后进行“渗碳处理”。所谓渗碳，就是在920~950℃的高温下，将[C]渗入钢的表层，使表层成为高碳钢，经“淬火-低回”后，表层就会有极高的硬度，内部仍保持极高的韧性，从而满足了技术条件。

井式氮化炉：渗氮的目的和渗碳大致相同。它是将[N]渗入中碳合金钢表面，使[N]与Fe形成硬度极高的Fe_2N、Fe_3N、Fe_4N，从而极大地提高零件的表面硬度，保持零件的内部韧性。渗氮多采用井式气体氮化炉，其最高使用温度为650℃，其炉体结构与前述井式气体渗 碳炉相似。当NH_3从高压氨瓶中经减压器、导管、干燥器、导管、进气管等进入氮化罐后，在一定温度下便开始分解出[N]，[N]与Fe便进行化合，显然，工件氮化时，需要一个密封性良好的氮化罐。只有这样，才能保证罐内NH_3不至泄漏。

$$2NH_3 = 2[N] + 6[H] = N_2\uparrow + 3H_2\uparrow$$

$$2Fe + [N] = Fe_2N$$

$$3Fe + [N] = Fe_3N$$

$$4Fe + [N] = Fe_4N$$

显然，工件氮化时，需要一个密封性良好的氮化罐。只有这样，才能保证罐内NH_3不至泄漏。

2.1.6.2 职业危害

井式电阻炉，特别是井式渗碳炉，其装炉温度大于920℃，其出炉温度小于880℃。故亦属高温和强辐射作业。因此它也有“高温中暑”“水盐代谢紊乱”“热搞射性眼病”等职业病。井式电阻炉的电压多为380/220V，因此它也有触电问题。这两方面的危害及其防护措施，已在盐浴炉及箱式炉中分别作过介绍，此处不再重复。本节着重讨论渗剂及炉气可能带来的危害。

(1) 渗剂引起的燃爆

气态渗剂：渗碳的有天然煤气、液化石油气等气体，其主要成分是烷烃(C_nH_{2n+2})，如甲烷(CH_4)、乙烷(C_2H_6)、丙烷(C_3H_8)、丁烷(C_4H_{10})。氮化的有瓶装氨气，其主要成分是氨(NH_3)。

液态渗剂：渗碳的有苯(C_6H_6)、甲苯($C_6H_5CH_3$)、甲醇(CH_3OH)、乙醇(C_2H_5OH)、乙醚($C_2H_5OC_2H_5$)、丙酮(CH_3COCH_5)及煤油等，氰化的有三乙醇胺[$(C_2H_5O)_3N$]等。

必须指出，无论是气态渗剂还是液态渗剂，当它们或它们的蒸气在空气中达到一定比例时，便会形成爆炸性的混合物，从而发生严重的爆炸事故，除渗剂直接引起燃爆外，在热处理过程中，由于工装不良，亦能引起燃爆。

(2) 渗剂引起的中毒

在渗剂中，有些本身就有毒性；有些在工艺过程中产生毒性物质，如甲醇(CH_3OH)，甲醇有强烈毒性，误饮10mL使人双目失明，误饮30mL使人中毒死亡。故室内空气中，其蒸气的最高容许浓度为50mg/m^2。乙醚($C_2H_5OC_2H_5$),乙醚遇氧或长期存放或在瓶中受阳光照射,会生成不稳定的过氧化物,这种过氧化物会自行爆炸或受热爆炸。乙醚极易被静电点燃。乙醚能麻醉神经系统,导致死亡。低浓度的医用麻醉乙醚蒸气在空气中便能使人迅速失去知觉,故室内空气中,乙醚蒸气的最高容许浓度为500mg/m^2。苯(C_6H_6)蒸气能扩散到相当远处的火源处点燃,并能将火焰引回原处,从而导致火灾。苯损害骨髓的造血细胞,损害神经系统,刺激黏膜、皮肤。慢性中毒表现为头痛头晕、失眠多梦、健忘乏力、血小板减少、障碍性贫血。急性中毒表现为"苯醉"状态、神志恍惚、步态不稳,恶心呕吐、昏迷抽搐、手足麻木。氨(NH_3)对眼睛的刺激性很强,低浓度氨能引起眼痛、流泪、结膜炎、角膜炎,氨水溅入眼内能引起严重烧伤、角膜溃疡、眼球混浊、双目失明。氨对呼吸道的危害很大,低浓度氨能引起支气管炎;高浓度氨能引起肺充血、肺水肿、肺出血;一次吸入过量的氨,立刻使人昏迷,从而导致死亡。氨对皮肤亦有损害作用,皮肤直接接触高浓度时,由于氨吸收皮肤中的水分,且与水作用呈碱性,从而导致脂肪碱化,使皮肤坏死,并能渗入皮肤下层而引起其他病理变化。

(3) 炉气引起的危害

所谓炉气,是指渗剂于工艺过程中在炉内所形成的气氛。炉气的成分,除未反应的渗剂本身外,还有渗剂的分解产物、渗剂与渗剂的作用产物、渗剂与炉内原有气体的作用产物。如以氨作为渗剂的氮化炉炉气中有NH_3、N_2和H_2;以三乙醇胺作为渗剂的氰化炉炉气有$(C_2H_5O)_3N$、CH_4、CO、HCN、H_2。今将含量较多、危害较大的三种成分介绍如下:

① 氢(H_2)　氢为易燃气体,有火源时猛烈爆炸。

② 氰化氢(HCN)　氰化氢为易燃气体,氰化氢是氰化物中最毒的物质。

③ 一氧化碳(CO)　一氧化碳为易燃、有毒气体,如热处理过程中渗碳炉气泄漏,除可能导致燃爆外,还可能造成人体中毒,也就是众所周知的"煤气中毒"。

2.1.6.3 防护措施

(1) 井式电阻炉的电源多为380/220V的三相四线制。为了避免发生触电事故,炉上应有开启炉盖时切断电源的闭锁装置,炉壳应妥善接零。

(2) 为了避免炉气泄漏,炉罐必须密封。

(3) 废气处理:渗碳炉废气的处理,装炉后,在炉温升到850℃前(约15min),便应在打气管上点火。点火的目的是将炉气中可燃爆的、有毒性的成分烧掉,使它们成为无毒的CO_2和H_2O。氮化炉废气处理,将废气用胶管引入水槽,使NH_3溶解于水,使N_2、H_2在室外大气中扩散。

(4) 采用局部抽风或全面通风的办法,降低可燃气体、易燃液体蒸气在室内空气中的浓度,使其达不到爆炸下限;使有毒气体的浓度保持在最高容许浓度以下。

(5) 采用防爆电器设备。安装毒气、可燃气测置、报警仪,从而在最大程度上保证操作人员的安全。

(6) 对某些易于挥发的液体渗剂(如煤油,苯、甲苯、二甲苯),在工艺过程中,为了不使它们的温度过高,为了减小它们的蒸发,可在其容器外壁安装一个循环水槽,用自来水不断地对它们进行冷却。

(7) 根据有关规定，苯、甲苯、甲醇、乙醇、乙醚、丙酮等渗剂，其闪点低于28℃，属一级易燃液体，煤油等渗剂，具闪点在28~45℃，属二级易燃液体。因此，它们应单独存放在符合防火要求的专用仓库内。氨瓶装氨后亦应储存于阴凉、通风、远离火源、远离氧化性气体的专用仓库，严禁气瓶堆放在热处理车间，绝对禁止将高温出炉工件堆放在氨瓶附近。

(8) 遵守安全操作规程

渗碳：要及时点火，即及时将废气点燃。

氮化：要及时检漏。检漏时应戴有 $ZnSO_4$ 或 $CuSO_4$ 呼吸剂的防毒口罩。检查的方法可用沾有 HCl 的玻璃捧，靠近可能漏气的地方。如有白烟冒出，则证实该处漏气。因为，$NH_3 + HCl = NH_4Cl$，此时，应立刻关闭气瓶、进行检修。

2.1.7 淬火硝盐槽

淬火是指把金属工件加热到一定温度，然后突然浸在水或油中使其冷却，以增加金属的硬度。淬火槽是装有淬火介质的容器，当工件浸入槽内冷却时，需能保证工件以合理的速度冷却且均匀地完成淬火操作，使工件达到技术要求。

淬火槽的结构比较简单，主要由槽体、介质供入或排出管、溢流槽等组成，有的附加有加热器、冷却器、搅拌器和排烟防火装置等。

2.1.7.1 工艺过程

硝盐槽即为钢件的分级淬火槽或等温淬火槽。当工件加热工序完成后，随即迅速、平稳、垂直地淬入硝盐槽中，上下移动7~8s后方可静置槽液中继续冷却。硝盐槽亦可作钢件回火加热或铝件淬火加热之用。

民用硝盐槽的结构如图2.5所示。其中1为盐浴，其成分多为 $50\% KNO_3 + 50\% NaNO_3$；2为搅拌器，其作用是使整槽盐浴温度均匀；3为遮板，保证工作过程中盐液不至飞溅到上部旋转设备上；4为带孔隔板，在搅拌作用下，使盐液顺利对流；5为加热元件。

硝盐槽对温度控制要求极严，故需配备热电偶、电子电位差计等控温装置。为了保持温度恒定除应有加热元件外，还应有冷却装置。即在盐槽内设有冷却水管或向盐浴内喷吹压缩空气，以阻止淬火时由于工件热量所产生的温升。

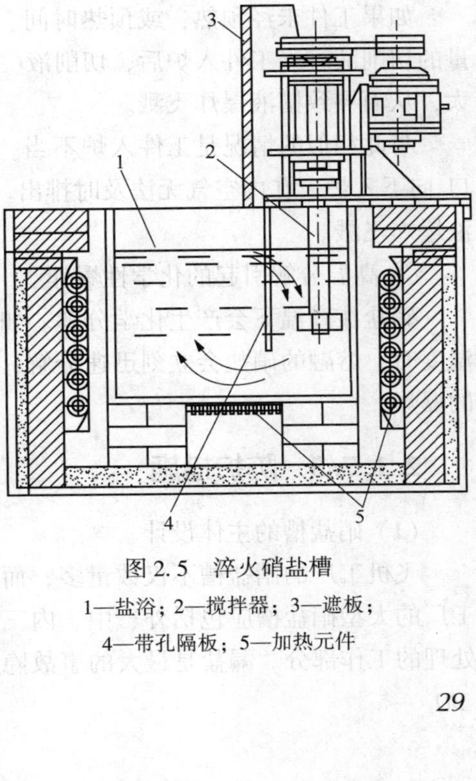

图2.5 淬火硝盐槽

1—盐浴；2—搅拌器；3—遮板；
4—带孔隔板；5—加热元件

2.1.7.2 职业危害

(1) 火灾

进行热处理的车间，可燃物极多，易燃气

体如甲烷、乙炔；易燃液体如汽油、煤油；可燃固体如木炭等。在热处理车间内着火源也极多，如渗碳炉的废气火焰，表面淬火的火焰，高温的熔融浴盐，高温的加热元件，高温的出炉工件，高频的淬火线圈等几乎比比皆是。而硝盐槽的存在，又给车间发生火灾提供了最危险的隐患，因为硝酸盐属一级氧化剂，亚硝酸盐属二级氧化剂。其放氧方程如下：

$$4KNO_3 = 2K_2O + 2N_2\uparrow + 5O_2\uparrow$$

$$4NaNO_3 = 2Na_2O + 2N_2\uparrow + 5O_2\uparrow$$

化学活泼性越强的物质，其最低需氧量也越小，发生火灾时也最不易扑灭。由此可知，热处理车间硝盐槽的存在，不仅增加了发生火灾的可能性，而且增加了发生火灾的危险性。

（2）爆炸

① 混入它物引起的化学性爆炸

硝盐槽的槽液多为 KNO_3、$NaNO_3$、$NaNO_2$。常用配方如下：100%KNO_3、100%$NaNO_2$、50%KNO_3+50%$NaNO_2$、55%KNO_3+45%$NaNO_2$、50%KNO_3+50%$NaNO_2$、55%KNO_3+45%$NaNO_2$。硝盐是强烈的氧化剂。当熔融的硝盐中混入一定量的还原剂时，如工业上常用的硫磺粉，热处理现场常见的渗碳剂等，立刻会引起惊心动魄的爆炸。

$$2KNO_3 + S + 3C = K_2S + N_2\uparrow + 3CO_2\uparrow$$

四大发明之一的火药，实际上就是用氧化剂(硝石)、还原剂(硫黄、木炭)按上述比例配制而成。所以熔融硝盐中混入还原剂，无异于在硝盐槽中埋入了一堆炸药。

热处理车间，还原剂是很多的，如淬火、回火用的大量机油；固体渗碳用的大置的木炭；气体渗碳用的大量 C_6H_6、$C_6H_6CH_3$、CH_3OH、C_2H_5OH、$C_2H_5OC_2H_5$、CH_3COCH_3 等。

② 混入它物引起的物理性爆炸

如果工件未经预热，或预热时间、预热温度不够，在盲孔、深孔、沟槽内便存有一定量的切削液。当工件入炉后，切削液(主要是 H_2O)迅速汽化，体积突然增加，压力瞬间增大，从而导致槽液爆炸飞溅。

与此相似的情况是工件入炉不当。如盲孔件，应孔口向上入炉，以利空气排出。如孔口 向下入炉，孔内空气无法及时排出。空气受热迅速膨胀，压力突然增大，同样可引起槽液爆炸飞溅。

③ 高温分解引起的化学性爆炸

硝盐在高温下会产生化学分解。如定温仪表失灵，槽液超过工艺规定温度而达到分解温度时，熔融的硝盐会立刻迅速分解，体积突然膨胀，压力瞬间增大，从而导致极为强烈的爆炸。

2.1.7.3 防护措施

（1）硝盐槽的主体设计

飞机工厂的硝盐槽不仅数量多，而且容量大。为保证相对安全，减少事故隐患，飞机工厂的大型硝盐槽应包括外、中、内三个槽体用以防止槽液泄漏，内槽盛硝盐，是进行热处理的工作部分。漏盐是最大的事故隐患之一，因此必须保证内槽的焊接质量，焊后要进行严格的 X 射线检测，并进行去应力退火，彻底消除焊接应力，以防焊缝在工作过程中开裂。

(2) 硝盐槽的辅助设备

① 油水分离器

为使温度均匀，硝盐槽液必须用压缩空气进行搅拌。压缩空气是通过在内槽底部管道上 的小孔吹向槽液。为防止水分、机油及其他杂质吹入槽内发生爆炸事故，压缩空气必须经过 三个油水分离器。

② 漏盐报警器

漏盐报警器的电极置于内、中槽之间的底部，且与内、中槽绝缘。两极分评放置定距离，万一熔融硝盐漏入中槽，就会将电路接通，电铃就会发出报警信号。这样的电极可在槽底设置多对，都并联于报警装置。也可以将报警器的两个接头直接导线接到内槽和中槽上。在此种情况下，内槽、中槽应该绝缘，槽底距离宜近。

③ 定温仪表

为保证槽液温度在一定范围内变化，必须设置定温仪表。一般多采用热电偶及配套的电子电位差计。温度高于规定范围时，控制系统自动将电路切断，从而使槽液降温；温度度低于规定范围时，控制系统自动将电路接通，从而使槽液升温。

④ 超温报警仪

如为淬火冷却硝盐槽，定温仪只能保证下限温度，无法控制上限温度。此时为防止槽液的高温分解爆炸，必须设置超温报警仪。当淬火工件传给槽液热量而导致槽液温度超过上限值若干度时，超温报警仪应立即发出信号。即使是铝合金淬火加热硝盐槽，也应设置超温报警仪。一旦定温仪失控，槽液超过上限温度仍继续送电时，超温报警仪亦能及时发出信号。

⑤ 硝盐槽的安全规程

为保证硝盐槽安全运行，规定凡 Mg 含量超过 5%的铝合金以及中空而又封闭的零件，不允许在硝盐槽内加热。为什么如此规定呢？因硝盐是强氧化剂，Mg 是强还原剂。二者在高温下相遇，很可能发生激烈的氧化还原反应而导致化学性爆炸：

$$2KNO_3 + 5Mg = K_2O + N_2\uparrow + 5MgO$$

Mg 氧化时，会放出大量的热，此热又可使槽液局部过热，而进一步导致高温分解爆炸。同样，中空封闭部件入槽，空气受热膨胀，内部压力增大。当压力大于该材料的承受压力时，部件即炸裂，从而导致一场灾难。

在硝盐槽内进行处理的零件和使用的工具等必须干燥、清洁，严禁将油脂、金属屑、油漆等带入硝盐槽内。

2.1.8 淬火、回火油槽

2.1.8.1 工艺过程

淬火油槽：许多高碳钢、合金钢，由于临界粹火速度较小，为了减少热应力和组织应力可能造成的变形、开裂，一般都在油中淬火。淬火油槽的结构，如图 2.6 所示。

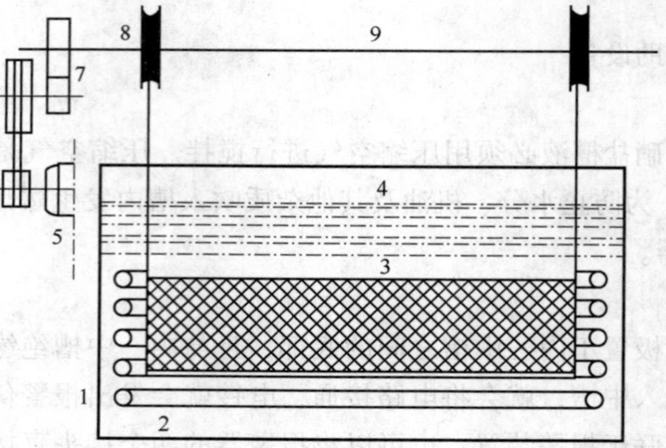

图 2.6 淬火油槽示意

1—槽体；2—冷却水管；3—工件筐；4—机油；5—电动机；

6—皮带轮；7—减速机构；8—绳轮；9—转轴

回火油槽，回火就是把淬火后的工件加热到某一温度，并在此温度下保持一定的时间，然后以工艺规定的速度冷却到室温。回火分为低温回火、中温回火、高温回火三类，高温回火、中温回火，因回火温度较高，多采用低温井式电阻炉。低温回火则采用回火油槽。

2.1.8.2 职业危害

（1）油烟中毒

当温度为 750~1280℃的工件，突然淬入油槽中时，常常会冒出大量的油烟。当回火油槽加热到 120℃以上时，也会冒出大量的油烟，这些油烟，气味十分难闻，使人头痛恶心。油烟中含有一定量的有毒气体，如高温工件与油面接触时由于不完全燃烧所产生的 CO。故长期与油烟接触，会引起慢性中毒。

（2）油气燃烧

当高温炽热工件突然淬入油槽中时，经常引起油的燃烧。特别是大型工件淬火时，槽中油量很多，数以吨计，一旦着火，十分危险。回火油槽，如加热温度过高，或控温仪表失灵，也常常会引起机油燃烧，从而导致更为严重的火灾。

（3）油气爆炸

油的蒸气和空气混合到一定程度时是有爆炸性的。

2.1.8.3 防护措施

（1）油烟的排除

油烟的排除，可在淬火油槽或回火油槽上安设机械抽风口，甚至可采用一面送风、一面抽风的机械通风设施。

（2）油料的选择

在满足工艺要求的情况下，淬火用油或回火用油应该选用闪点较高的油料。这样，燃烧爆炸的可能性就小了。一般宜采用闪点在 180℃以上的油料。

（3）淬火油槽注意事项

① 降温措施

在油槽中连续不断的淬火，能使油温不断升高。既不利于防火安全，也不利于工艺要求。一般规定，淬火油温不得超过80℃。为了满足此项工艺要求，常采用下列方法降温，在淬火油槽内壁装上蛇形冷却水管，管中通以循环冷却水，从而不断地吸收油的热量，传走油的热量，使油温保持在80℃以下。

② 安设位置

淬火油槽安设在热处理车间的位置，必须符合“操作安全，使用方便”的要求。淬火油槽离地面的高度应在700~800mm之间。太低、太高，都不符合上述要求。淬火油槽与加热炉应相隔一定的距离。小型加热炉宜近；大型加热炉宜远。间断使用炉宜近；连续作业炉宜远。一般都在1~2m之间。

③ 操作安全

严禁带有硝盐及其他氧化剂的工件、挂具、夹具进入油槽。油槽附近严禁使用明火，油槽应装设密封性槽盖，一旦油料着火，可以关闭槽盖而将火自行扑灭。油槽附近应备有化学灭火器。

2.2 表面处理工艺

表面处理是在基体材料表面上人工形成一层与基体的机械、物理和化学性能不同的表层的工艺方法。表面处理的目的是满足产品的耐蚀性、耐磨性、装饰或其他特种功能要求。对于金属铸件，我们比较常用的表面处理方法是：机械打磨、化学处理和电镀等。

2.2.1 金属腐蚀的分类

腐蚀对金属的危害是巨大的。每年因金属腐蚀及为防止金属腐蚀而付出的价值，超过了金属年产值的1/3。金属腐蚀可分为两类化学腐蚀和电化学腐蚀。

金属与周围介质发生单纯的化学作用而产生的腐蚀，称为化学腐蚀。它有两种形式，金属在干燥气体中的腐蚀，如高温燃气对涡轮喷气发动机零部件的腐蚀。金属在非电解液中的腐蚀，如飞机管路系统中的零部件受汽油、润滑油的腐蚀。化学腐蚀的特点是速度较慢，危害较小。

如图2.7所示，当两种金属或两相金属在电解液的作用下形成“原电池”或“微电池”，其电极电位较低的一方成为阳极而溶解所表现出来的腐蚀，称为电化学腐蚀。

例如Cu、Zn两种金属在H_2SO_4溶液中形成原电池时，锌的电极电位低，它将成为阳极而腐蚀。其化学反应如下：

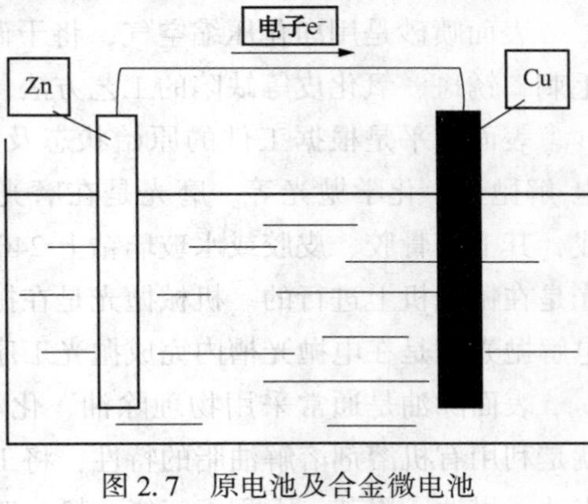

图2.7 原电池及合金微电池

阳极反应：　　　　　　$Zn - 2e = Zn^{2+}$（进入溶液）

阴极反应：　　　　　　$2H^{+} + 2e = H_2\uparrow$（逸出溶液）

总体反应：　　　　　　$Zn + H_2SO_4 = ZnSO_4 + H_2\uparrow$

由此可知，形成电化学腐蚀，必须具备三个条件：有两种或两相金属、有电解液和三者互相接触。电化学腐蚀的特点是速度较快，危害较大。常温下潮湿空气中的腐蚀，几乎都是电化学腐蚀。其理由如下，第一，工程金属都含有杂质，绝大多数合金都是多相，大多数部件都是由多种材料组合而成的。第二，潮湿空气中所形成的水膜是常见的电解液。即

$$H_2O + CO_2 = H_2CO_3$$

2.2.2　防止腐蚀的方法

防止腐蚀的方法基本分为两类，一是治本方法，二是治标方法。所谓治本方法是使合金成为单相组织，使合金本身失去形成微电池的条件；或大量提高合金的电极电位，即使形成微电池，合金本身也将成为阴极而受到保护。例如在航空工业中享有盛名的奥氏体不锈钢（1Cr18Ni9、0Cr19Ni9、00Cr18Ni9），加了大量的 Cr，其目的就是为了提高合金的电极电位。加了大量的 Ni，并把碳减少到最低限度，其目的就是为了获得单相组织。治标方法就是对金属进行表面处理，如电镀、发蓝、磷化、阳极化及油漆等。在当代，无论军用工厂或民用工厂，对表面处理都应用得非常广泛。由于表面处理对环境的污染也日趋严重，对表面处理的工艺过程、职业危害及防护措施，应该有个全面的了解。

2.2.3　前处理安全技术

2.2.3.1　工艺过程

前处理的目的是除掉金属表面的毛刺、锈斑、氧化皮、氧化膜和油污，使工件表面清洁、光滑、活化，从而获得结合力好、厚度均匀、质量优良的防护层。以电镀为例，不合格的镀前处理，会使镀层起泡、起皮、镀不上，从而造成不合格的镀件。前处理一般包括下列内容，表面喷砂、表面整平、表面除油和表面除锈等。

表面喷砂是用净化压缩空气，将干砂流强烈地喷射到工件表面，从而除掉工件表面的毛刺、锈斑、氧化皮等缺陷的工艺方法。喷砂使用的砂子主要是石英砂。

表面整平是根据工件的原始状态及电镀要求，采用机械磨光、机械抛光、机械滚光、电 解抛光、化学抛光等。磨光是在磨光机上进行的。磨轮通常采用皮革、毛毡或棉布制成，其上用骨胶、皮胶或水玻璃粘上 240~320 目的磨料，磨料多为 SiC、Al_2O_3或 SiO_2。抛光是在抛光机上进行的。机械抛光是在抛光布轮上涂上抛光膏来平整工件表面微小的不平。电解抛光则是在电抛光槽内完成抛光工序。

表面除油是通常采用物理除油、化学除油和电解除油的方法。物理除油即溶剂除油，就是利用有机溶剂溶解油脂的特性，将工件表面的油污除去。工厂常用的有机溶剂有酒精、汽油、煤油、甲苯、丙酮、三氯乙烯、四氯化碳等。化学除油的配方及工艺条件见表 2.1。

表 2.1　化学除油配方及工艺条件

溶液成分及工艺条件	含量/(g/L)		
	1	2	3
苛性钠 NaOH	30~50	10~15	10~15
碳酸钠 Na_2CO_3	20~30	20~30	20~50
磷酸钠 $Na_3PO_4 \cdot 12H_2O$	50~70	50 ~70	50~70
水玻璃 Na_2SiO_3	10~15	5~10	5~10
OP 乳化剂			50 ~70
温度/℃	80 ~100	70~90	70~90
时间/min	20~40	20~40	15~30
电流密度/(A/dm^2)		10~15	

由表 2.1 可知，除油液为碱性，动植物油(主要成分为硬脂)与碱反应而生成肥皂与甘油，其反应称为“皂化作用”。由于生成物肥皂与甘油都是溶于水的，故皂化反应可将工件表面的此类油去掉。矿物油不能与碱反应，只能通过“乳化作用”而将工件表面的此类油去掉。电解除油是指在碱性除油溶液中，将工件作为阴极或阳极并通以直流电时，则有下列反应：

当工件为阴极时：　　$4H^+ + 4e = 2H_2 \uparrow$

当工件为阳极时：　　$4OH^- - 4e = 2H_2O + O_2 \uparrow$

由于 H_2 或 O_2 的析出，对油膜起着机械撕裂和搅拌作用，从而加速了皂化作用和乳化作用。显然，阴极除油速度快、无腐蚀，但有氢脆、有挂灰。阳极除油无氢脆、无挂灰，但速度慢、有腐蚀。因此工厂多采用阴、阳极交变除油。

表面除锈分为强浸蚀和弱浸蚀，强浸蚀是采用浓度较大的 HCl、H_2SO_4、HNO_3 或混合酸，将工件表面的锈皮、铸皮、锻皮、轧皮等去掉。如采用 150~200g/L 的 HCl，对钢制工件进行浸蚀时，其主要反应为

$$FeO + 2HCl = FeCl_2 + H_2O$$

$$Fe_2O_3 + 6HCl = 2FeCl_3 + 3H_2O$$

$$Fe_3O_4 + 8HCl = FeCl_2 + 2FC1_3 + 4H_2O$$

$$Fe + 2HCl = FeCl_2 + H_2 \uparrow$$

弱浸蚀是采用浓度很小(3%~5%)的 HCl 或 H_2SO_4，将工件表面在上述处理完毕以后所形成的簿层氧化膜去掉，从而暴露出金属的结晶组织，以保证镀层与基体金属的良好结合。弱浸蚀后，为了防止工件将酸液带入镀槽，要用 3~5 g/L 的 Na_2CO_3 溶液进行中和处理：

$$2HCl + Na_2CO_3 = 2NaCl + H_2O + CO_2 \uparrow$$

中和处理后，再经干净水清洗，便可转入电镀工序。

2.2.3.2　前处理的职业性危害

表面准备引起的职业性危害，主要表现在下列方面：

(1) 表面喷砂引起的职业性危害

在喷砂过程中，由于砂子强力冲击金属表面，砂子本身也碎裂为更细小的质点，从而形成 SiO_2粉尘。当粉尘的直径在 5 μm 以下时，能长时间悬浮于空气中，且容易被吸入肺部而发生所谓“矽肺”。SiO_2粉尘侵入肺泡后，首先被吞噬细胞所吞掉，随之被带到肺泡的间隔中。这些含尘的吞噬细胞有的随肺的淋巴循环到达淋巴结；有的则因 SiO_2的毒性作用而坏死，使 SiO_2在肺内又重新游离出来。游离出的 SiO_2又被吞噬细胞吞掉，又重复上述过程。久而久之，使肺泡组织发生纤维化改变，就像皮肤受刀伤后所形成的疤痕一样。这样，正常的肺组织被一些粗大的纤维组织所代替，使柔软的肺脏失去弹性而逐渐硬化。一般来说，矽肺是一种慢性职业病，从接触粉尘到发生矽肺，有的要经过 10~20 年。但在接触高浓度的 SiO_2粉尘时，1~2 年也可能发生病变，甚至死亡。

(2)表面整平引起的职业性危害

① 粉尘污染

磨光和抛光时所形成的毡毛、棉毛、金刚砂、金属末等粉尘，悬浮在磨光、抛光工段的空间，若被吸入体内，则会引起操作者咳嗽、喘息，严重时会引起气管炎，尘肺。

② 引起燃爆

磨光和抛光时所形成的毡毛、棉毛、金属等可燃性粉尘，在一定条件下还能引起燃爆。

③ 机械外伤

磨光和抛光时所引起的机械外伤主要为，磨料或金属击入眼睛而引起的外伤；手或身体的其他部分，不慎接触高速旋转的磨轮时所引起的擦伤；不戴手套不慎接触灼热的工件时，所引起的烫伤；磨轮固定不牢，在工作时从轴上甩出而引起的击伤；手被卷入砂轮时，所引起的极为严重的“骨肉粉碎”性外伤；陶瓷型砂轮在高速旋转时，由于原有裂纹或他物碰撞而使砂轮炸裂所引起的击伤。

④ 火花致灾

砂轮在运转工作过程中，其溅出的火花能点燃周围的可燃物质，从而导致火灾。

(3)表面除油引起的职业性危害

① 物理除油

物理除油多用有机溶剂清洗。今以汽油为例说明如下：汽油的闪点为-58℃，自燃点为415~ 530℃，极易挥发，极易燃烧，极易爆炸。汽油的蒸气压力因搅拌和冲击会突然增加而产生猛烈爆炸。其蒸气能与空气形成爆炸混合物，爆炸极限为 1.2%~7%。汽油燃爆成灾的案例不胜枚举，开关火花、电钻火花、电刷火花、砂轮火花、未熄烟头、未熄火柴、灼热钢件、灼热切屑，甚至化纤衣服都曾引起汽油燃爆的重大事故。汽油也有毒，主要表现为中枢神经系统的麻醉。轻度中毒为头晕、头痛、乏力、肢体震颤、精神恍惚；重度中毒为昏迷、抽搐，痉挛、血压下降、休克死亡。

② 化学除油

化学除油溶液的主要成分是氢氧化钠(NaOH)，由于其碱性特强，故又名苛性钠。固体氢氧化钠虽非可燃物，但受潮或接触水时，可放出一定热量，有时能点燃周围的可燃物质，从而导致火灾。此外，KOH 或 NaOH 能与某些金属或非金属作用而放出易燃、易爆的 H_2。如：

$$2Al + 2NaOH + 6H_2O = 2Na[Al(OH)_4] + 3H_2\uparrow$$

$$Zn + 2NaOH + 2H_2O = Na_2[Zn(OH)_4] + H_2\uparrow$$

KOH、NaOH 能严重地腐蚀玻璃、陶瓷，以至化学性极为稳定的金属铂(Pt)，更能严重地侵蚀人的衣服，皮肤、骨头、头发、眼睛；它与有机物有强烈的“脱脂作用”。如果误服 KOH 或 NaOH，口腔、咽喉、消化系统会立即遭到严重腐蚀。会感到剧烈灼痛，恶心呕吐，脉搏加快，神志昏迷，最后虚脱死亡。如果 KOH、NaOH 溅入眼内，轻则眼球发红，剧烈灼痛；重者视力减弱，眼睛失明。所以，工作带中 NaOH 的最高容许浓度为0.5mg/m³。对人体来说，KOH、NaOH 亦属“化学危险物品”。

(4) 表面除锈引起的职业性危害

电镀前必须将工件表面的氧化皮、氧化膜彻底除净，为此必须对工件进行强腐蚀或弱腐蚀。腐蚀液的主要成分是三大强酸——H_2SO_4、HCl、HNO_3。

①H_2SO_4

硫酸是三大强酸之一，除具有酸类的一切通性外，还有下列特点：硫酸吸湿性极强，极易溶于水，溶解时放出大量的热，此热量足以使周围的可燃物质引燃，从而导致火灾。若不小心将水倒入浓硫酸中，将会因产生剧热而导致不堪设想的爆炸。

浓硫酸不但可吸水，而且还能从一些有机物中夺取与水分组成相当的氢和氧从而使有机物碳化。硫酸由于其氧化性和脱水性，对植物组织有破坏作用，而且有很强的腐蚀性。硫酸滴落在衣服上，会使衣服碳化、穿孔；滴落在皮肤上会使皮肤灼伤、溃疡；溅入眼内，会使眼睛剧痛、失明；误服硫酸，口腔、食道及消化系统会立刻遭到严重腐蚀，强烈灼痛，苦不堪言。

发烟硫酸在空气中能放出一股雾状浓烟 SO_3，当 SO_3 被人吸入体内与 H_2O 作用而形成 H_2SO_4 时，同样能起到对呼吸系统肌肉及黏膜的腐蚀作用，故生产区域内空气中的 H_2SO_4 及 SO_3 的最高容许浓度为 2mg/m³。

②HNO_3

硝酸是三大强酸之一，除具有酸类的一切通性外，硝酸受热、受光便能分解出氧，因此它是一种极强的氧化剂。与金屑粉末、碳化物、硫化氢及松节油作用，会发生爆炸反应。另外，能增大可燃物的易燃性，使它们易于起火成灾。

硝酸与有机物发生剧烈氧化引起有机物焦化。人体接触硝酸即被灼伤。人吸收了 NO_2 气体，会导致窒息甚至死亡。这是因为 NO_2 气体被吸入人体后，与体内的水分作用，而生成硝酸。硝酸对呼吸系统有腐蚀作用。因此车间空气中 NO_2 气体的最高容许浓度为 5mg/m³。

硝酸能腐蚀绝大多数金属。1 体积硝酸与 3 体积盐酸配制成的“王水”，腐蚀性极强，即使是稳定性最高的金和铂，也能被王水腐蚀。

③HCl

盐酸是三大强酸之一，除具有酸类的一切通性外，还具有以下特性：盐酸极易与金属发生置换反应而产生大量氢气并放出大量的热。产生的氢能与空气形成爆炸性混合物，极易引起爆炸。

盐酸极易挥发出氯化氢。氯化氢有毒，能刺激眼睛、皮肤、肌肉及呼吸气管，吸入浓度为空气的0.15%的氯化氢，几分钟便可致死。长期吸入低浓度的氯化氢，能引起喉炎、肺炎、水肿、鼻炎等疾病。因此车间空气中氯化氢或盐酸的最高容许浓度为15mg/m³。

2.2.3.3 防护措施

(1) 表面喷砂安全技术

为了把喷砂工段空气中的粉尘含量降低到国家规定的最高容许浓度以下，一般采取下列措施：喷砂应在密闭的喷砂机器内进行，为了不致污染车间外部的大气，喷砂机上部的通风管还应与除尘系统相联。喷砂工段常用的除尘器有以下几种类型：离心除尘器、水雾除尘器、布袋除尘器和泡沫除尘器。

采用湿式作业，以磨液泵和压缩空气为动力，通过喷枪将贮箱中的溶液和磨料的混合液高速喷射到工件表面，达到清理或光饰的目的。水溶液中加入表面活性剂，其分子构成包含着两种基团，一种是亲水基团；另一种是憎水基团。亲水基团与水结合；憎水基团与粉尘结合，从而提高了粉尘的润湿性能。该方法不仅能取代干喷砂机完成清理锻件、铸件、冲压件、焊接件、热处理件和机械加工件的氧化皮、残盐和毛刺等工作，而且能完成高精度、高光度、形状复杂工件的最后光饰加工，还可以做液体喷丸，强化工件表面。

(2) 表面除油安全技术

① 物理除油

物理除油所用的溶剂，如汽油、煤油、酒精、甲苯、丙酮等，不仅有毒，而且属易燃物质。因此，必须采取下列安全措施：除油必须在强力通风的条件下进行，最好在专用的通风柜内进行。除油工段的各种电气设备，应符合电气防爆规范的要求；风机也必须采用专门的防爆风机。除油时，严禁钢质零件互相碰撞，严禁使用钢质工具，严禁穿带钉鞋靴进入清洗工段，严禁穿化纤衣服进行操作。除油工段及除油工段的门口、窗外，不得有产生火花及高温切屑的作业。并应设置“严禁烟火”标志和灭火器。

② 化学除油

化学除油槽必须有完善的机械通风设施，从而保证碱蒸气在国家规定的最高容许浓度(0.5mg/m³)以下。穿戴规定的劳保用品，以防碱液烫伤。被碱液烫伤时，应立即用自来水、硼酸水清洗、中和，然后到医疗单位治疗。

(3) 表面除锈安全技术

表面除锈，多用腐蚀性极大的三种强酸——HCl、H_2SO_4、HNO_3。在使用酸液时，必须遵守下列安全措施：

① 安全操作规程。搬运酸罐时，必须将罐装在专用箱内，并用专车运输。严禁肩扛、手抱、背负；严禁提罐颈吊运。以免罐破酸溅伤人。

② 配制H_2SO_4溶液时，只能将浓H_2SO_4缓慢地倒入水中，并不断地搅拌溶液。严禁将水倒入浓H_2SO_4中。否则形成硫酸水合物时，放出的热量足以使水、酸界面附近升温到100℃以上，使水迅速汽化、膨胀、爆炸，从而使酸溅出伤人。

$$H_2SO_4 + nH_2O \longrightarrow H_2SO_4 \cdot nH_2O + Q$$

配制混合酸时，必须遵守下列次序：先向槽内注水；再依次加入已称量好的 HCl、hNO_3、H_2SO_4；最后加入添加剂。

③ 当采用混有砷的硫酸时，其使用温度不允许超过 60℃，因为温度达 70℃时，便会放出砷化氢。砷化氢毒性极大，其车间空气中最高容许浓度为 0.3mg/m^3。盐酸的使用温度不得超过 40℃，超过此温度便会放出无色的有伤害作用的氯化氢气体。硝酸与铜及铜合金作用时，立即放出棕色的有伤害作用的二氧化氮气体，因此用硝酸处理铜及铜合金时，应在有强力排风设施的专用柜内进行。

④ 严禁带有氰盐溶液的挂具、镀件与酸液接触。一旦接触盐酸、硫酸，便会放出毒性极大的氰化氢气体；一旦接触硝酸，不仅会放出氰化氢气体，还可能引起燃爆。

⑤ 当酸液溅到眼内或皮肤上时，应立即用大量流动冷水冲洗，然后适当治疗。当由 HCl、SO_3、NO_2、AsH_3、HCN 等气体引起中毒时，应立即撤离现场，送往医院抢救。

⑥ 废酸液排入下水道前，应用碱中和。当中和液的 pH=7 时，方允许排放。也可用大量水冲淡后，方允许排放。

⑦ 有毒气体处理

在酸洗及纯化过程中，产生最多的有毒气体是氧化氮（NO_2、NO）。氧化氮废气的处理方法，目前有碱液吸收法、氨水吸收法、催化还原法、硫酸吸收法、亚硫酸吸收法和硫酸亚铁吸收法。

2.2.4 氰化电镀安全技术

2.2.4.1 工艺过程

以氰化物镀 Zn 为例，说明如下。阴极为工件，阳极为锌板。在电镀过程中，阳极将不断溶解。槽液成分如表 2.2 所示。

表 2.2 氰化镀 Zn 的配方 g/L

成分	含量		
	1	2	3
氧化锌 ZnO	35~45	20~45	20~40
氰化钠 NaCN	80~90	50~120	80~120
苛性钠 NaOH	80~95	50~100	80~100
硫化钠 Na_2S	0.5~5	0.5~5	0.5~5
甘油 $C_3H_5(OH)_3$	3~8		

零件在电镀过程中，除了 Me^{n+} 在阴极放电还原成金属外，H^+ 也会在阴极放电还原成氢。阴极上的氢，一部分成为气体逸出溶液，另一部分则渗入镀层和基体金属中去，造成内应力，使材料变脆，称为“氢脆”。氢脆能造成零件不正常的损坏。为了消除氢脆，电镀后要进行除氢处理，通常加热温度为 200~250℃。

将镀锌后的工件在特制溶液中和适当条件下，使锌层表面形成一层致密且化学稳定性更高的薄膜，这种工艺称为“钝化”。镀 Zn 件普遍采用以铬酸为主的三酸钝化处理。显然，Zn 被氧化，Cr^{6+}被还原。由于反应过程中消耗了大量的 H^+。故工件与溶液间的 pH 值升高，从而导致在镀层表面形成一层由三价铬和六价铬的碱式铬酸盐及其水化物所组成的钝化膜。此钝化膜，成分相当复杂，如：

$$Cr_2O_3 \cdot Cr(OH)CrO_4 \cdot Cr_2(CrO_4)_3 \cdot ZnCrO_4 \cdot Zn_2(OH)_2CrO_4 \cdot Zn(CrO_2)_2 \cdot xH_2O$$

其中三价铬呈绿色，六价铬呈红色，从而构成了钝化膜鲜艳的彩色。

2.2.4.2 职业性危害

由于氰化电镀液分散能力强，镀层质量高，所以镀锌、镀镉、镀铜、镀银，镀金、镀黄铜等仍然采用氰化液。氰盐是剧毒物品，它能从口腔、呼吸系统，甚至皮肤进入体内。它能使中枢神经系统麻木，能与细胞色素氧化酶相结合而抑制细胞呼吸，从而引起组织缺氧。1mg 氰化钠便能使人致死，故国家规定工业排放标准为 0.5mg/L。氰盐中毒特征是开始呼吸急促，接着变得缓慢，然后呼吸困难，接着发生抽搐，最后失去知觉，停止呼吸死亡。

氰盐与酸类反应甚至在潮湿空气中能产生最毒的氰化氢。

$$NaCN + HCl = NaCl + HCN \uparrow$$

$$2NaCN + H_2O + CO_2 = Na_2CO_3 + 2HCN \uparrow$$

氰化氢的毒性比氰化钠、氰化钾等氰盐高数百倍，故室内空气中 HCN 的最高容许浓度为 0.3mg/L。氰化物除剧烈毒性外，还可引起强烈燃爆。氰化钠、氰化钾与氯酸盐、过氯酸盐、硝酸盐和亚硝酸盐混合后，均能引起强烈爆炸。

2.2.4.3 防护措施

氰化电镀是一个毒性最大，危害最大的工种。因此，安全技术要求特别严格。除遵守规定外，在电镀车间，还应注意下列事项：

(1)安全操作规程

① 氰化电镀操作必须经过专门技术训练，熟悉化学药品性能，懂得安全操作规程，掌握中毒急救措施，并经考试合格后，方允许进入生产岗位。皮肤有外露的损伤、溃疡时，严禁氰化电镀。

② 开动风机，20min 后，方能打开镀槽进行生产。当风机出现故障时，应立即关闭槽盖，停止生产。

③ 零件入槽、出槽，要轻拿轻放，出槽时不得将槽液滴落在槽缘或地面上。倘若滴落，要用蘸有 5%$FeSO_4$溶液的湿布擦净。氰化液溅到皮肤上时，也要用上述溶液中和消毒，并用流动自来水彻底清洗。

镀前经过酸洗的零件，一定要在 5%的 Na_2CO_3溶液中进行中和处理：

$$2HCl + Na_2CO_3 = 2NaCl + H_2O + CO_2 \uparrow$$

并用水清洗后，方可入槽。否则酸洗后残留在工件表面(特别是盲孔、深孔、沟槽)的酸液将与氰盐作用而产生最毒的HCN。

④ 零件入槽前要绑牢。倘若掉入槽中，铁质零件宜用磁铁吸出；铜质零件宜用长柄漏勺捞出，严禁用手摸捞。

⑤ 零件出槽后，必须用清水将残留氰化液彻底洗净，严禁将氰化液带入下道工序。

⑥ 电镀结束后，应将阳极取出，放入流动的自来水槽中，以便下次电镀前，能在潮湿状态下清理阳极。在干燥状态下清理氰化阳极是绝对禁止的。因为阳极粉尘会给操作者带来严重危害。氰化阳极是专用阳极，严禁将氰化阳极移至其他镀槽中(特别是 $pH<7$ 的酸性镀槽)。

⑦ 电镀结束后，所有与氰化液接触过的物品以及氰化液沾染的地面都要用5%的 $FeSO_4$ 溶液中和消毒。

⑧ 在工作过程中，如嗅到苦杏仁气味，说明车间空气已被氰化物污染。车间全体人员应立即撤离现场并采取相应措施。

⑨ 中毒急救措施：轻度中毒时，可先服用少量的2%的 H_2O_2 溶液或5%的 $FeSO_4$ 混合液，然后送医院治疗；严重中毒时，可先在皮下注射吗啡碱维持心脏活动后，应立即送医院抢救。

(2)含氰废水处理

① 碱性氧化法

本法的基本原理是在 pH=8.5~11 的碱性条件下，投入含有活性氯的药品(如漂白粉)，利用活性氯对废水中氰化物的氧化作用，使之生成氰酸盐。氰酸盐毒性小得多，氰酸盐还可进一步氧化成无毒的 CO_2 和 N_2。

$2NaCu(CN) + 11CaOCl_2 + 2NaOH + 3H_2O = 2N_2\uparrow + 4CO_2\uparrow + 9CaCl_2 + 4NaCl + 2Cu(OH)_2\downarrow + 2Ca(OH)\downarrow$

② 电解处理法

电解处理含氰废水，是在废水中加入一定量的食盐，以石墨作阳极，以铁板作阴极，然后通以直流电。在电解过程中，废水中的氰在阳极被氧化成 CO_2 和 N_2 而排出。阳极反应：

$$CN^- + 2OH^- - 2e = CNO + H_2O$$

$$2CNO^- + 4OH^- - 6e = 2CO_2 + N_2 + 2H_2O$$

由于废水中加入了一定量的食盐，故阳极区还有如下反应：

$$2Cl^- - 2e = Cl_2$$

$$CN^- + 2OH^- + Cl_2 = CNO^- + 2Cl^- + H_2O$$

$$CNO^- + 4OH^- + 3Cl_2 = 2CO_2 + N_2 + 6Cl^- + 2H_2O$$

阴极反应： $$2H^+ + 2e = H_2$$

$$Me^{n+} + ne = Me$$

此法应用广泛，处理效果较好，化学污泥很少，占地面积很小，操作非常简单。但要消耗一定电能，且有刺激性气体产生，容易造成二次污染，要有完备的抽风装置。

2.2.5 铬酸电镀安全技术

2.2.5.1 工艺过程

镀铬时，阴极为工件，阳极为不溶阳极。因铬阳极溶解太快，无法控制电解液中的三价铬及六价铬的含量，故阳极一般采用Pb板或Pb-Sb合金板的不溶阳极。电解液也不采用铬盐而采用铬酸。标准电解液的组成为

$$CrO_3—250g/L$$

$$H_2SO_4—2.5g/L$$

$$Cr^{3+}—3\sim7g/L$$

阴极反应：

$$H_2CrO_4 + 6H^+ + 6e \Longrightarrow Cr + 4H_2O$$

$$2H_2 + 2e \Longrightarrow H_2$$

$$H_2CrO_4 + 6H^+ + 3e \Longrightarrow Cr^{3+} + 4H_2O$$

阳极反应：

$$4OH^- - 4e \Longrightarrow 2H_2O + O_2$$

$$Cr^{3+} + 4H_2O - 3e \Longrightarrow H_2CrO_4 + 6H^+$$

镀Cr的工艺流程为零件验收→汽油清洗→表面抛光→汽油清洗→工件装挂→化学除油→热水清洗→冷水清洗→微弱腐蚀→冷水清洗→阳极腐蚀→入槽电镀→水清洗→镀件拆卸→压空吹干→表面抛光→汽油清洗→镀层检验→除氢处理。

2.2.5.2 职业性危害

(1) 铬的氧化物及铬盐的危害

CrO_3在镀Cr电解液中主要以铬酸(H_2CrO_4)和重铬酸($H_2Cr_2O_7$)的形式存在，Cr的化合物有六价、三价和二价三种。六价铬毒性最大，三价铬毒性次之，二价铬毒性最小，目前镀铬电解液中主要是六价铬。

在电镀车间中，CrO_3及H_2CrO_4、H_2CrO_7等，主要以粉尘、蒸气的形态经呼吸道进入人体，也可以经消化系统甚至皮肤进入人体。其毒性以皮肤和粘膜的局部损害为特征。六价铬和三价铬都有致癌作用，特别是肺癌、支气管癌发病率最高。致癌原因，目前仍然是众说纷纭，莫衷一是。六价铬对人的致死量约为6~8 g。据资料报导，亦有4 g六价铬曾使人身亡。皮肤接触CrO_3、H_2CrO_4、H_2CrO_7及铬盐可引起皮炎，皮炎反复发生可变为湿疹，湿疹长期不愈便转为溃疡(俗称铬疮)，溃疡由浅入深，由小及大，极难愈合，即使愈合，亦有疤痕。粘膜损坏，主要表现在上呼吸道与CrO_3、H_2CrO_4、$H_2Cr_2O_7$及铬盐的接触中。其中以鼻黏膜的损害最为突出，如鼻黏膜腐蚀，鼻中充血、糜烂、溃疡、以致穿孔。该职业病是镀铬工人的多发性职业病。CrO_3、H_2CrO_3、$H_2Cr_2O_7$及铬盐溅入眼内时，轻则引起眼睛发炎，重则导致视力丧失。故车间空气中，CrO_3的最高容许浓度为0.05mg/m^3。生活饮用水中，CrO_3的最高容许浓度为0.5mg/L。

（2）燃爆危险

CrO_3是强氧化剂，它与冰醋酸、醇类等有机物接触时，能急剧反应并放出足够的热量而使周围的易燃物着火，从而导致火灾。火灾时盛装该类物质的容器可能爆破，从而导致严重爆炸。

2.2.5.3 防护措施

（1）安全操作规程

① 由于铬酸对人皮肤的侵蚀力极强，故皮肤敏感性较强的人，不宜从事镀铬作业。皮肤有外露的损伤、溃疡者，在未完全痊愈时，亦应暂时停止镀铬作业。

② 由于铬酸对人的衣服侵蚀力极强，故操作者除穿好耐酸工作服外，还应戴好胶皮手套、胶皮围裙、胶皮靴子。铬酸对人的眼睛腐蚀力极强，故必须佩戴眼镜。铬酸对人的黏膜腐蚀力极强，故工作前可将纯凡士林或香脂涂抹在鼻黏膜上。

③ 由于镀铬工艺温度高达45~60℃，铬酸蒸发很快，故镀铬槽应有强力的通风设施。在电镀前15min，便应开动风机，排除槽液上部集存的铬酸蒸汽。

④ 一般情况下，镀Au、Ag、Ni、Sn、Cd、Zn、Cu的电流密度分别不大于0.2A/dm^2、0.8A/dm^2、1A/dm^2、1.5A/dm^2、2.5A/dm^2、4.5A/dm^2、5A/dm^2。而镀铬的电流密度竟高达80 A/dm^{2}比前者大数十倍至数百倍。故局部接触火花强烈，电流热效应所引起的温升也高。因此，工件入槽、出槽时，必须拉开电闸。出槽前。应在挂具与导电杆的接触面，先用冷水浇湿、降温，然后才能取下挂具。否则会烫伤手指或将零件掉入镀槽而引起镀液飞溅。

⑤ 在工作过程中，如铬酸滴落在皮肤上，要立即用流动自来水冲洗，如铬酸溅入眼内，要立即用1%的$Na_2S_2O_3 \cdot 5H_2O$水溶液清洗。洗涤后仍感不适，必须去医院治疗。

（2）铬酸气雾处理

目前处理铬酸气雾的方法有物理方法用的净化器，化学方法用的F-53铬雾抑制剂。

① 净化器

铬酸气雾净化器是使抽风机排出的铬雾减压、受阻、降温，从而使铬雾停落、凝聚，并与气体分离。

② F-53铬雾抑制剂

F-53是一种抑制铬雾的化学药剂，为全氟烷基醚磺酸盐的简称，制品为白色粉状物。其分子式为：$CF_3(CF_2)_{2n+1}OCF_2SO_3M$。使用时，将它溶于沸水后加入镀铬电解液中。加量为0.04~0.06 g/L。当电镀进行时，F-53在电解液表面会形成一层白色泡沫（液相-泡沫-气相），这种泡沫有阻滞铬雾逸出的特性。电解过程中，阴、阳极表面会有定量的氢、氧产生。液态铬酸黏附在氢、氧表面而逸出槽液，就成为铬雾。当加入F-53形成一定厚度的泡沫层后，铬雾进入泡沫层时，受到了泡沫阻滞，减低了逸出速度，增加了接触机率，彼此碰撞、聚集而成为更大的液滴。这种液滴由于重力作用，又回到槽内液相中。

（3）含铬废水处理

① 化学还原法

本方法的基本原理是，在pH=4~6的酸性条件下，用化学药剂使废水中的六价铬还原成三价铬，然后在 pH = 8 ~ 9 的碱性条件下，使三价铬离子成为三价铬的沉淀物 $Cr(OH)_3$ 而与废水分离。

如硫酸亚铁石灰法，是向废水中加入一定量的 $FeSO_4$，Fe^{2+} 使六价铬还原成三价铬。然后加入 CaO，使得 pH = 8 ~ 9，Cr^{2+}、Fe^{2+} 则分别成为 $Cr(OH)_3$、$Fe(OH)_3$ 而沉淀。

如二氧化硫还原沉淀法，是利用 SO_2 使六价铬还原成三价铬。然后在碱性条件下使三价铬沉淀。其化学反应如下：

$$2CrO_4^{2-} + 4H^+ + 3SO_2 = 2Cr^{3+} + 3SO_4^{2-} + 2H_2O$$

$$Cr^{3+} + 3OH^- = Cr(OH)_3 \downarrow$$

本法处理效果较好，化学污泥少，占地面积小，能达到处理标准。但 SO_2 有刺激性，对人体、设备有严重的腐蚀性，因此需要有密闭良好的处理系统，否则，会造成二次污染。

② 电解处理法

在电解槽中，以 Fe 板作阴、阳极，并加入一定量的 NaCl 于含铬废水中，然后在压缩空气的搅拌下通以直流电进行电解处理。在电解过程中，Fe 板阳极被氧化而产生 Fe^{2+}，此 Fe^{2+} 使六价铬还原成三价铬。同时，在阴极区发生 H^+ 还原而析出 H_2，也使六价铬还原成三价铬。

阳极反应：

$$Fe - 2e = Fe^{2+}$$

$$CrO_4^{2-} + 3Fe^{2+} + 8H^+ = Cr^{3+} + 3Fe^{3+} + 4H_2O$$

$$Cr_2O_2{}^{2-} + 6Fe^{2+} + 14H^+ = 2Cr^{3+} + 6Fe^{3+} + 7H_2O$$

$$4OH^- - 4e = 2H_2O + O_2$$

阴极反应：

$$2H^+ + 2e = H_2$$

$$CrO_4^{2-} + 3e + 8H^+ = Cr^{3+} + 4H_2O$$

$$Cr_2O_7{}^{2-} + 6e + 14H^+ = 2Cr^{3+} + 7H_2O$$

随着电解反应的不断进行，废永中 H^+ 不断减小，pH 值不断升高。当 pH>5 时，三价铬及三价铁将生成氢氧化物而沉淀。

$$Cr^{3+} + 3OH^- = Cr(OH)_3 \downarrow$$

$$Fe^{4+} + 3OH^- = Fe(OH)_3 \downarrow$$

本方法目前应用相当广泛。其优点是操作简单方便，规模可大可小，处理效果较好。缺点是处理费用较高，消耗电能较大，污泥利用较难。

③ 离子交换法

离子交换法，是利用一种高分子合成树脂进行离子交换的方法。这种树脂中包含一种具有离子交换能力的活性基因。这种树脂不溶于水、酸、碱及其他有机溶剂。它对含离子的物质进行选择性的交换或吸附，并可用适当的试剂将被交换的物质从树脂上洗涤下来，从而达到除去或回收该类物质之目的。

R—SO_3H：为常用的阳离子交换树脂，它只能交换废水中的阳离子，其再生剂为酸（HCl，H_2SO_4）；*R*≡NOH：为常用的阴离子交换树脂，它只能交换废水中的阴离子，其再生剂为碱（NaOH）。

2.2.6 镀镉工艺安全技术

2.2.6.1 工艺过程

阴极为工件，阳极为纯镉。在电镀过程中，阳极将不断溶解。镀液有酸性、碱性两大类。常用的酸性硫酸盐镀液的主要成分为 $CdSO_4 \cdot 8H_2O$ 40 ~ 50 g/L 和 H_2SO_4 45 ~ 60 g/L。

阴极反应：　　　　$Cd^{2+} + 2e \xlongequal{} Cd$（镀于工件）

阳极反应：　　　　$Cd - 2e \xlongequal{} Cd^{2+}$（进入溶液）

镀镉的工艺流程：镀前检验→汽油清洗→化学除油→热水清洗→冷水清洗→微弱腐蚀→冷水清洗→中和处理→工件装挂→冷水清洗→电化除油→热水清洗→冷水清洗→微弱腐蚀→冷水清洗→入槽镀镉→冷水清洗→压空吹干→除氢处理→出光处理→钝化处理→冷水清洗→温水清洗→压空吹干→镀层检验。

2.2.6.2 职业性危害

在航空工业中，镀镉应用得非常广泛。常用镀镉电解液中，两价镉的浓度不小。比如，氰化镀镉电解液含 CdO 35~50g/L，硫酸盐镀镉电解液含 $CdSO_4 \cdot 8H_2O$ 40~50g/L。镉本身无毒，镉化合物毒性很大，在电镀过程中，主要自呼吸道吸入镉化物的粉尘、蒸气而中毒。镉化合物为积蓄性中毒，潜伏期长达 10~30 年，被吸入体内后，使人患有无法忍受的骨质疏松、软化，骨头变形、折断等“骨痛病”。资料报导，日本骇人听闻的涉及面相当大的“骨痛病”，即是镉中毒。受害者开始是腰、手、脚关节轻微疼痛，随即是剧烈疼痛，延续几年后，便变为全身的神经痛和骨痛。再过一段时间，患者不能行动，甚至连呼吸都带来难以忍受的痛苦。最后骨骼软化、萎缩，严重变形，自然骨折，直至饮食不进，在虚弱疼痛中死亡。故车间空气中 CdO 的最高容许浓度为 0.1mg/L。镀锌、镀镉之后，都要进行钝化处理。镀锌钝化液含 $Na_2Cr_2O_7$ 200g/L；镀镉钝化液含 $Na_2Cr_2O_7$ 150g/L。钝化处理可能引起的职业性危害，主要表现在三方面：

首先，重铬酸盐是强氧化剂，受热分解而放出氧气。

$$Na_2Cr_2O_7 \xlongequal{} Na_2O + 2CrO_3$$

$$K_2Cr_2O_7 \xlongequal{} K_2O + 2CrO_3$$

$$4CrO_3 \xlongequal{} 2Cr_2O_3 + 3O_2$$

故它们接触易于氧化的物质特别是粉状易燃物时，可能引起反应并着火。如遇挥发性易燃有机物，则能引起爆炸。其次，重铬酸盐粉末对皮肤特别是对鼻孔黏膜有强烈的刺激作用。其溶液能腐蚀皮肤，引起皮炎、湿疹、糜烂。在重铬酸盐中，以 $K_2Cr_2O_7$ 毒性最大，口服致死量为 6~8g。此外，在高温钝化时，还可能引起烫伤、烫死。

2.2.6.3 防护措施

前已述及，二价镉毒性极大。故在镀镉作业中，除要求强力通风、穿戴劳保用品、遵守安全操作规程外，主要是含镉废水一定要经过处理，达到国家规定的排放标准才能排放。

含镉废水的处理方法如下：

（1）中和沉淀法

在含 Cd^{2+} 废水中，加入适量石灰 CaO、电石渣 $Ca(OH)_2$，使其 pH>10，Cd^{2+} 便形成氢氧化镉 $Cd(OH)_2$ 的沉淀而加以除去。

$$Cd^{2+} + 2OH^- = Cd(OH)_2$$

此法简单方便，但排水不易达到排放标准。沉淀物量大；污泥利用难，排水碱度大，需用酸将 pH 调至 7 左右方可排放。

（2）硫化物沉淀法

由于 CdS 具有较 $Cd(OH)_2$ 小得多的溶解度，故往含镉废水中加入 Na_2S 或通入 H_2S，便可生成难溶的 CdS 沉淀。CdS 颗粒极细，沉淀缓慢，需加入凝聚剂，以加快沉淀速度。如入 Na_2S 或通入 H_2S 的量不易准确控制。量过少，镉沉淀不完全，出水达不到排放标准；量过多，镉虽沉淀完全，但硫离子过剩，造成了二次污染。为此，可将含镉废水调至碱性，使其 pH 增大，加入稍过量的 Na_2S 或通入稍过量的 H_2S，然后加入可溶性亚铁盐，使 Fe^{2+} 与 S^{2-} 生成 FeS 沉淀。这样，既可使 Cd^{2+} 沉淀完全，又可避免 S^{2-} 二次污染。此法适用范围较广，处理效果较好，但硫化物成本较高，加入金属共沉剂后，生成物中有多种金属，故污泥较难处理。

（3）电渗析法

电渗析是利用离子交换膜的选择透过性，在直流电场的作用下，使溶液中阴、阳离子发生定向迁移，从而达到浓缩、纯化、分离的目的。离子渗析膜是带有活性基因的高分子树脂制成的薄膜。它有阳膜与阴膜两种。阳膜，带有固定的负电荷，只许阳离子透过，不许阴离子靠近。阴膜，带有固定的正电荷，只许阴离子透过，不许阳离子靠近。本法的主要特点是，设备简单，操作方便，不产生废渣、污泥，不用化学药剂，耗电量较小，便于封闭循环处理废水。此法目前国内已开始采用。

2.3 锻压安全技术

2.3.1 锻压概述

锻压主要包括锻造和冲压。锻造是金属坯料在高温下经受压力成型的方法。是生产金属毛坯的工艺方法之一。与同类材料料的铸件相比，锻件具有较高的机械性能。因此受力复杂的重要零件，都由锻造制坯，经机械加工成型。锻造按其工艺方法，又可分为自由锻和模锻两大类。

冲压是金属板材在常温下经受压力成型的方法。锻造和冲压都是金属在固态下利用塑性，经受压力成型的工艺方法。由于固态金属比液态金属成型困难，所以锻件和冲压件的形状，不能像铸件那样复杂，一般都比较简单。只有可锻性较好的金属，才可以进行锻压。

金属的可锻性是衡量金属进行锻压的难易程度的工艺性能。可锻性以金属的塑性和变形抗力来综合评定。塑性越高，变形抗力越小，则金属的可锻性越好。金属的可锻性取决于金属的本质和变形条件。金属的本质主要是化学成分和组织结构两个方面。化学成分不同，金属的可锻性不同，纯金属的可锻性比合金好。组织结构不同，金属的可锻性也不同。具有面心立方晶格的金属(如铜、铝)，可锻性最好。任何合金的单相组织，都比多相组织的可锻性好。晶粒细小均匀的金属，比晶粒粗大不均匀的金属可锻性好。

变形条件包括变形温度、变形速度和变形方式等。其中以变形温度的影响最为显著。金属的可锻性随变形温度的升高而提高。这是由于随温度的升高，原子热运动加剧，原子间引力减小，同时，由于在高温下回复和再结晶易于进行，使变形过程中不发生加工硬化现象，另外，随温度的升高，固溶体的溶解度增加，有利于形成单一的固溶体。

2.3.2 锻造加热温度范围

金属在锻造之前，一般都进行加热。这样可以显著地提高其可锻性，使锻造过程中，金属可经受较大的变形而不开裂，同时锻造设备的吨位也可以大为减小。金属的锻造是在一定温度范围内进行的。开始锻造的温度称始锻温度，终止锻造的温度称终锻温度。

确定金属锻造加热温度范围时，应使金属在规定加热温度范围内，有良好的塑性和较低的变形抗力，锻件质量好，生产效率高。为提高生产效率，锻造加热温度范围应尽可能宽一些，以减少加热次数。碳钢的锻造加热温度范围，根据 $Fe-Fe_3C$ 相图即可确定。对于一些低合金结构的锻造加热温度范围，也可以参照含碳量相同的碳钢来确定。对于高合金钢及有色金属，在没有数据可供参考的情况下，则必须通过实验，才能确定合理的锻造加热温度范围。

2.3.3 自由锻造安全技术

2.3.3.1 工艺过程

自由锻造简称自由锻，是利用冲击力或压力，使加热后的金属坯料，在上下砧之间产生变形，从而得到一定形状及尺寸的锻件的方法。金属受力时的变形，是在上下两砧平面间作自由流动，不受限制，因此称之为自由锻，自由锻的优点是，锻件的大小几乎不受限制，可以小至几克，大至几百吨。对于大型锻件，自由锻是唯一可能的加工方法。自由锻的设备及工具均有极大的通用性，而且工具简单，制造容易，成本较低，缺点是，锻件的质量在很大程度上，要靠人工操作技术来保证，因此对人的技术水平要求较高。另外，自由锻的金属损耗大，锻件精度差，劳动强度大，生产效率也较低，只适用于单件或小批量生产。

(1) 自由锻设备

自由锻的设备按作用力的性质可分为锻锤和压力机两大类。锻锤产生冲击力使金属变形，而压力机产生静压力使金属变形。

锻锤分空气锤和蒸汽锤两种。空气锤是电动机驱动曲轴及连杆机构，使压缩活塞在压缩气缸中上下运动，以压缩气缸中的空气。在两个气缸的连接处，有上下两个气阀。当压缩气缸中被压缩了的空气，经上气阀进入工作气缸中时，使工作活塞带动锤杆及上砧向下运动，对金属进行加工。当压缩活塞反向时，上砧提起。空气锤由于靠电动机驱动，操作方便，应用广泛。但其吨位不大，一般为50~1000kg，只适用于小型锻件的生产。

蒸汽锤或称蒸汽-空气锤，是以4~9个大气压的蒸汽或压缩空气驱动，其能量较大，吨位一般为0.5~5t，可以用来锻造中型锻件，但需要蒸汽锅炉或空气压缩机等辅助设备，较空气锤复杂。

压力机又分水压机(包栝油压机)、曲柄压力机、摩擦压力机等几种。自由锻只用水压机，其能力大小是用上砧的最大工作总压力来表示，通常为500~12000t。水压机主要有以下几部分组成：钢管传送装置、水路系统、油路系统和控制系统。水压机的基本工作原理是帕斯卡定律，利用水为工作介质，以静压力传递进行工作。以水基液体为工质的液压机。水压机在机械工程中主要用于锻压工艺。它的特点是：工作行程大，在全行程中都能对工件施加最大工作力，能更有效地锻透大断面锻件，没有巨大的冲击和噪声，劳动条件较好，环境污染较小。水压机特别适用于锻压大型和难变形的工件。水压机分为自由锻造水压机、模锻水压机、冲压水压机和挤压水压机等。

(2) 自由锻基本工序

自由锻的基本工序是使金属产生一定程度的塑性变形，以达到所需的形状及尺寸的工艺过程，如镦粗、拔长、冲孔、切割、弯曲等。任何自由锻件都可以通过上述一个或几个工序来完成。下面只着重介绍应用最多的镦粗、拔长和冲孔工序。

① 镦粗

镦粗是减小坯料高度，增大坯料横截面积的锻造工序，用于锻造齿轮、圆盘等锻件。在锻造圆环类的空心锻件时，也可用镦粗作为冲孔前的预备工序。镦粗的锻件可以获得径向的流线分布，对齿轮等类零件，可以提高其使用寿命。

② 拔长

使坯料横截面积减小，长度增加的工序称为拔长(延伸)。制造长而截面小的工件如轴、连杆、炮筒等，需经拔长工序。在平砧上拔长时，一般先锻成方形截面，待拔长到所需长度后，再锻成需要的形状和尺寸。先锻成方形截面的原因，是为了使坯料和上下砧的接触面增大，在拔长时坯料变形快、效率高，还可以使坯料内部也变形，使整个坯料锻透。在拔长过程中，坯料要不断的翻转，使各方面均匀受力，以达到均匀变形。

③ 冲孔

在坯料中冲出通孔或不通孔的工序称为冲孔。用实心冲头冲孔时，冲头下面的金属被挤向四周，使坯料外形呈鼓形。但这种方法冲掉的部分较少，金属损耗小。用空心冲头冲孔时，金属损耗较大，但对坯料外形影响不大。对金属铸锭来说，由于中心的杂质较多，质量较差，用空心冲头冲孔，可将中心的金属冲掉，从而改善了锻件的机械性能。

2.3.3.2 职业性危害

(1) 击伤、烫伤

自由锻操作过程中，最易产生的危害是锤击时工件被打飞，或高温氧化铁屑飞溅，击伤并烫伤操作者。

(2) 振动致病

自由锻操作过程中，掌钳的工人承受着由钳子传到手臂的局部振动，以及由于锻锤打下使地基振动而引起的全身振动。参与自由锻的其他工人，也都在不同程度上承受全身振动，振动(特别是局部振动)对人体的危害，有以下几个方面：

① 发作性白指

其特点是个别手指出现发白，变白部位一般是由指尖开始，进而波及全指，界限分明，形如白蜡。发病部位以中指最多见，其次是无名指和食指，拇指及小指极少见。双手可对称出现，也可在受振动作用较大的一侧首先发生。手脚受冷时特别容易发生，发作时常伴有手发麻、发僵等症状，加温可以缓解。每次发作时间不等，轻者 5 ~ 10min，重者 20 ~ 30min。白指消失后，常继而出现紫绀和潮红，随后逐渐恢复正常。发作的次数也随病情的轻重有所不同，病情较重者，每日可数次出现白指。

② 手麻、手痛

其特点是手麻、手痛，下班后特别在夜晚，麻、痛更为明显，常因此而影响睡眠，寒冷可促使手麻、手痛加剧，加温可稍缓解。此外，手胀，手无力，手腕、肘、肩关节的酸痛也较常见。

③ 神经衰弱

振动病患者易头痛、头晕、失眠、记忆力减退、全身乏力、疲劳、耳鸣、有抑郁感等。

④ 手掌、足底多汗

手掌、足底多汗，是振动病突出症状之一。这反映交感神经机能亢进，与外界的气温无关。

⑤ 骨关节病变

主要是骨刺的形成，骨质破坏，颈椎、腰椎增生等。

⑥ 肌肉系统病变

主要是肌肉萎缩，或出现肌肉的索条状硬结，还可能引起肌膜炎、腱鞘炎等病变。

⑦ 振动导致其他系统症状

心血管系统可能出现心慌、胸闷、心律不齐、脉搏过缓、血压升高等症状。消化系统可能出现腹痛、消化不良、食欲不佳等症状。振动病的发生及其严重程度，与伴随振动而来的噪声强度，环境温度、接触时间、工人体质以及工作时的紧张程度等有关。

振动除对人体有直接危害外，对厂房也有危害。当厂房因振动发生损坏时，对人体会造成间接危害。

(3) 高温中暑

由于锻造车间温度较高，自由锻劳动强度也较大，在这种条件下，工人有时会出现高温中暑现象。轻度的中暑常出现大量出汗、口干舌燥、全身无力、头晕目眩、注意力不集中等症状。严重时会发生恶心呕吐、血压下降、脉搏细弱而快，甚至出现昏倒或痉挛等情况。

(4) 热辐射性眼病

自由锻常将加热到 1000℃左右的钢料，进行锻打使其成型。工人在操作过程中，始终要注视灼热的工件，而高温的工件会放射出大量的幅射能，其光谱组成有紫外线、红外线和可见光。由于幅射线的波长不同，对眼睛的作用也有所区别。短波或长波紫外线作用于眼睛时，可产生电光性眼炎，短波红外线能进入眼球内部，可出现热性白内障。

(5) 有害气体

有些锻造车间应用的加热设备是燃料炉，因燃煤或燃油而产生的 CO、SO_2 等有害气体，使车间空气受到污染，对长期在车间工作的工人，也有一定的危害作用。

(6) 噪声危害

对各种锻压车间的工作人员，噪声是普遍性的职业性危害。

2.3.3.3 防护措施

(1) 操作安全技术

① 镦粗

镦粗时，坯料最长以不超过锻锤行程的 75% 为适合，坯料过长不易把住，也易打出砧外。镦粗要求坯料加热到正确的始锻温度，使整个坯料温度均匀，以确保在镦粗时塑性好，变形均匀，不产生偏斜。当产生偏斜后，校正时必须在终锻温度以上进行，以免在校正、打棱角时，因料硬而打飞。

镦粗时应将坯料放于锤砧的中心，并绕其轴线不断转动，以防止因砧面不平而镦斜。镦粗时，脱落的氧化皮应及时清除掉，以防打飞将人烫伤。

② 拔长

拔长的坯料要求加热均匀，达到合理的始锻温度，以保证锻打时变形均匀，不出现歪扭现象，以免事后进行校正，因拔长校正，最易产生将锻件打飞的危险。拔长时送料动作要迅速，送进后要放平放稳，然后承受锤击，如料端得不平，会使锻件上下跳动，容易打飞或震伤手臂。拔长的锻件一般都是杆形。用来夹持锻件的钳子大小及钳口形状必须与工件外形一致。夹料前应检查钳口是否有裂痕，钳轴是否牢靠，如坯料较大、较长，则应在钳柄加钳箍固定、打紧，使钳口夹紧锻件，以免在锻击过程中，因把持不住而发生事故。

开始拔长时，应适当轻击，以便去除在加热过程中形成的氧化皮，防止氧化皮飞出伤人，另外，也是为了试探操作者的钳子是否放平、夹牢，然后再重击。拔长时要求开锤、掌钳密切配合，互相关照，掌钳人钳柄不应正对腹部，手指不应分叉在钳档中间，以防穿伤和夹伤。

③ 冲孔

冲孔工具不应有任何缺陷。各种冲头都不允许有卷边、裂纹、顶面或底面不平的情况。扩孔马架及扩孔芯棒在应用前，都应仔细检查，以防打断伤人，冲孔时坯料的温度应在终锻温度 100℃以上，如温度过低，钢料的塑性不好，易发生冲飞现象。冲孔前常将镦粗做为冲孔前的准备工序，以达到被冲工件平稳，确保冲孔安全。冲孔时应将工件及冲头放在上、下砧的中心位置，先轻击一下，检查冲痕是否对正中心。冲头接近地面时也应轻击，保证有一定厚度的连皮，以防止将冲头打坏或将工件打飞。冲不通孔时，应尽量不采用加煤粉的方法，以防煤粉气化后将冲头崩出伤人。

(2) 振动防护措施

在锻造车间，为了减轻振动的危害，在具备条件的情况下，应尽可能用压力机代替锻锤进行锻造。因压力机是用静压力使金属变形，很少产生振动。

锻造车间的厂房，在建筑时应采取一定的防振措施，以保证厂房及人身的安全。这些措施主要有：

① 砧块下和机架下的垫木，其四周应与混凝土之间留有10~15mm的空隙。

② 锻造车间一定要设置柱间支撑，支撑应用型钢制作。

③ 锻造车间设计屋盖系统时，应按原屋面载荷增加10%计算。

④ 锻造车间的外墙应特殊加固。

⑤ 锻造车间的门窗洞孔，必须采用钢筋混凝土过梁。

除此之外，其他如高温中暑、热辐射性眼病等的防护，在其他章节中已做介绍，这里不再重复。

(3)安全管理措施

工作前应穿戴好规定的防护用品，并应检查使用的锻锤，工夹具，模具等的安全情况，确认无问题后，才能正式投入生产。

集体操作时，应相互配合一致，其中掌钳者应是操作中的领导者，其他人员应听从其指挥。严禁持续锻打终锻温度以下的锻件。机床运转过程中，严禁清理、修理机床，更不得将手或头伸入入锤头的行程范围内。合理调整振动作业的时间和劳动制度。例如，将接触振动的单一作业方式，改为兼作不接触振动的综合作业方式或实行轮换作业制，增加振动作业的工间休息和工间体育活动等，都能减轻生产性振动的危害。

2.3.4 模型锻造安全技术

2.3.4.1 工艺过程

模型锻造简称模锻，是将加热后的金属放在固定于模锻设备上的锻模内，锻造成型的方法。模锻与自由锻比较，有如下优点：模锻时，金属的变型是在模内膛进行，成型较快，生产率较高；锻件尺寸较精确，加工余量较小，不仅节约金属材料，而且减少切削工时，从而降低产品成本；可以锻出形状比较复杂的锻件。模锻的缺点是：受模锻设备的限制，模锻件的重量不能太大，一般在150kg以下，制造锻模的成本较高，不适于小批和单件生产。模锻特别适合于小型锻件的大批生产，在国防工业和机器制造业中，模锻的应用比自由锻更为广泛。例如，按重量计算，飞机上的锻件当中，模锻件占85%、汽车上占80%、机车上占60%。

模锻按使用的设备不同分为：锤上模锻、压力机上模锻等，其中以锤上模锻应用最为广泛。锤上模锻是模锻锤上模锻的简称，锤上模锻所用的设备主要是蒸汽模锻锤，其吨位为1~16t。它的工作原理与蒸汽自由锻锤基本相同。

模锻过程可以在只有一个模膛的锻模上完成，也可以在有几个模膛的锻模上完成。前者称为单模膛模锻，后者称为多模膛模锻。坯料在每一种模膛中的变形过程，称为一个模锻工步。

锻模的模膛按其作用可分为终锻模膛、预锻模膛和制坯模膛三种。终锻模膛的作用，是使坯料最后变形达到所要求的锻件形状和尺寸。因此它的形状和尺寸，应与锻件相同。但考虑锻件在冷却时的收缩，终锻模膛的尺寸，应比锻件的尺寸，放大一个收缩量。钢锻件的收缩量一般取 1.5%。预锻模膛的作用，是使坯料变形达到接近于锻件的形状及尺寸，为终锻做好准备。当锻件形状比较复杂时，应用预锻模膛，使金属在终锻模膛中更易于充填，并可使模膛延长使用寿命。一般对形状简单的锻件，不采用预锻。制坯模膛的作用，是使坯料变形达到接近于预锻件的形状，为预锻做好准备。

通常坯料的体积比模膛大一些。因此，模锻终了时，坯料多余的部分，被溢出到上、下 模间的毛边槽中形成毛边。毛边在锻造后，还需要通过安装在切边床上的切边模具进行切除，才能得到所要求的模锻件。当生产批量较小，或材料有特殊性质(如铝、镁合金加热温度低)不宜一火(即一次加热)多工步等情况下，即使是形状复杂的锻件，一般也不采用上述的多模膛模锻。而采用先用自由锻制坯，然后在模锻锤上，用单模膛锻模进行终锻。

2.3.4.2 职业性危害

(1) 击伤

模锻和自由锻类似，在操作过程中最易产生的危害，是模具破碎飞出，或是一些辅助工具被打飞，击伤操作者及附近人员。

(2) 噪声

在锻造车间中，噪声对操作者及其他工作人员乃至附近的居民都是很大危害。在锻造车间中，1t 汽锤工作时产生的噪声即达到 115dB。虽然锤击是断续的，属于脉冲性，但在一个正常生产的锻造车间，工人连续在噪声中暴露的时间，常超过 0.5h。按国际标准组织(ISO)1967 年提出的噪声容许标准，这种噪声已超过容许的指标，应采取防护措施。

噪声对人的危害，有以下三个方面：

① 噪声对听觉器官的危害

长期暴露在噪声环境(90dB 以上)中的人，在无防护的情况下，由于连续不断地受到噪声的刺激，耳感受器易发生器质性病变，导致听力减退。噪声性听力减退的特点为起始缓慢，而后逐渐加重。起初在接触噪声后，可出现暂时性听力减退，当离开噪声环境数小时后即可恢复。若长期受噪声刺激，耳感受器发生器质性病变，听力损失逐渐加重而不能复原，进而发展成不可逆的永久性听力损失——噪声性耳聋。听力损失的临界暴露年限与噪声的强度有关。当噪声强度为 85dB 时，临界年限为 20 年左右；90dB 时，为 10 年左右；95dB 时，为 5 年左右；100dB 以上，则不到 5 年。特别高的噪声级还会引起人耳的外伤。高于 130dB 的噪声，能使耳膜被击穿出血。所以，对高于 130dB 的噪声，即使是暴露很短时间，也应避免。

②噪声对全身健康的危害

长期在噪声环境中工作，不仅听力下降，而且人的整个机体也会因之产生影响，并引起“噪声病”。噪声通过人的神经系统，引起全身备器官的生理变化的原因是：在噪声作用下，大脑皮层的兴奋和抑制平衡失调，导致条件反射异常，使人的脑血管受到损伤，因而会产生头痛、头晕、耳鸣、多梦、失眠、乏力、心悸及记忆力减退等症状。

噪声作用于中枢神经系统，可使交感神经紧张，从而使人的心跳加快、心律不齐、血管血压升高等。另外还可引起胃功能紊乱，如消化液分泌异常、胃酸度降低、胃蠕动减慢，导致消化不良、食欲不振、恶心甚至呕吐。

噪声作用于植物神经系统，会引起末梢血管收缩。噪声强度越大，频率越高，血管收缩也越强烈。血管收缩时，心脏排血量减少，舒张压增高，对心脏产生不良影响。在噪声影响下，还会引起血液中胆固醇增高，导致冠心病和动脉硬化。在噪声日益增高的工业城市中，冠心病和动脉硬化的发病率逐年增高，而在那些丛林地带，竟未发现冠心病患者。因此，目前国际上已将噪声列为第三大公害。

③ 噪声对工作情绪的影响

噪声对工作的影响是广泛而复杂的，不仅与噪声的性质有关，而且还与每个人的心理、生理状态等因素有关。在噪声的刺激下，人的心情易烦躁，注意力易分散，反应迟钝，容易疲劳。因此，不仅降低工作效率，而且影响工作质量，容易出差错甚至引起事故。

2.3.4.3 防护措施

(1) 安全技术措施

① 模锻的安全技术

模锻时出现的事故，多为模具破裂飞出伤人。为此，模锻的安全技术，主要在于模具的设计、制造与安装。在设计模具时，首先应保证有足够的强度。其次，模具的所有边棱均应是圆弧或倒角。模具的选材，应采用中碳合金钢。最终热处理应采用淬火后高温回火，以得到综合机械性能良好的回火索氏体组织，不可误用高碳钢制造模具，更不能在淬火后用低温或中温回火代替高温回火。模具热处理后应进行探伤，有裂纹的模具一定不能使用。每次锻造前也应检查模具，如发现有裂纹应立即换下，不得勉强使用。模具在安装时一定要装牢，同时上、下模要注意对准。

② 噪声的防护措施

噪声标准：噪声控制是环境保护的一个重要方面，也是某些机械产品的质量评价指标之一，为了获得适宜的噪声环境和反映产品适宜的噪声水平而又不致造成浪费，就需要一个噪声标准。可以说，噪声标准就是在不同条件下和为各种目的所能允许的最高噪声级。噪声标准有两大类，一类是机械产品的噪声标准，另一类是听力和环境保护方面的噪声标准。

噪声的控制：机械噪声的控制，就是在符合机械设备技术、经济性能要求的条件下，用最合适的措施，在接收器处得到允许程度的噪声。接收器可能是一个人，一群人或对噪声敏感的机械设备的一个部件。一般把现有的噪声级和允许噪声级之差，作为达到允许条件所必须提供的减噪量，减噪量是噪声控制的主要依据。噪声控制的方法，可分为以下三种：

首先是降低声源噪声，锻造车间的噪声强弱，主要取决于采用的设备，在模锻时，如采用压力机上模锻代替锤上模锻，噪声则可大为减弱。

其次是控制传播途径，使噪声在传播过程中衰减，是噪声控制的有效措施。具体方法为吸声及消声。吸声是将吸声材料装贴在车间的内表面墙壁上，或在车间悬挂空间吸声体，使噪声降低，噪声被吸收的原理是当声波辐射到多孔材料表面时，在声波的激发下，材料的小孔和筋络相对作无规则振动，并以摩擦方式将声能转化为热能，常用的吸声性能较好的材料如玻璃棉、矿渣棉等。消声是使用消声器控制噪声的方法。消声器的形式很多，有阻性消声器、抗性消声器以及阻抗复合消声器。可选用适当的消声器装在噪声源上，以达到降低噪声的效果。

再其次，加强个体防护，如由于技术或经济上的原因，对噪声不能控制，可采用个体防护用品，以减轻噪声对工人的危害。常用的噪声防护用品，有耳罩、隔音棉及耳塞等。

（2）安全管理措施

① 吊锻模时，将吊钩插入吊模孔内，人站开后，再指挥吊模。在吊运锻模时，应随时注意锻模脱钩落下伤人。

② 装卸模具定位销时，上模先要支撑好。安装时注意抡锤方向不得站人，以防定位销、手锤锤头脱落伤人。

③ 操作中锤头未停止前，严禁将手或头部伸入锻模或锤头行程内取锻件。

④ 检查设备或锻件时，应先停车，将气门关闭，用专用的垫块支撑锤头，并锁住起动手柄。

⑤ 同设备的操作者，必须相互配合一致，听从统一指挥。

⑥ 在 90dB 以上的噪声环境中工作的人员，应安排短时间的工间休息。

2.3.5 板料冲压安全技术

2.3.5.1 工艺过程

板料冲压是利用装在压力机上的冲模，对板料加压，使其分离或变形的加工方法。通常这种冲压是在冷态下进行的，所以又称为冷冲压。冲压所加工的金属材料，必须具有足够的塑性。常用来进行冲压加工的金属材料有低碳钢、低碳合金钢、铜、铝及镁合金。

（1）冲压设备

剪床是将板料剪成一定宽度的长条坯料，以便在下一步冲压工序中安排连续送料。

冲床是板料冲压的主要设备，除剪切工序外，板料冲压的基本工序都在冲床上进行。冲床分单柱式和双柱式两种。

（2）冲压工序

冲压工序包含有分离工序和变形工序。分离工序是使坯料的一部分与另一部分相互分离的工序，如剪切、落料、冲孔等。变形工序是使坯料的一部分相对于另一部分产生位移而不破裂的工序。常用的如弯曲、拉深等。

① 剪切

是使坯料按不封闭轮廓分离的工序。

② 落料及冲孔

是使坯料按封闭轮廓分离的工序。落料和冲孔这两个工序的坯料变形过程和模具结构都是一样的，只是需用的部位不同。落料是被分离的部分为成品，而周边是废料。冲孔是被分离的部分为废料，而周边是成品。

③ 弯曲

是坯料的一部分相对于另一部分，弯成一定角度的工序。当弯曲时，坯料内侧受压缩而外侧受拉伸，当外侧拉应力过大时，就会发生破裂。板料越厚，内弯曲半径 r 越小，压缩及拉伸应力就越大。材料的塑性越好时，弯曲半径则可更小一些。

④ 拉深

是使板料变成开口空心形状工件的工序，坯料在凸模的作用下被拉入凹模。在拉深过程中，工件边缘易产生折皱。加压边圈可防止折皱的出现。在拉深过程中，金属由于产生很大程度的塑性变形，引起了明显的加工硬化效应。坯料直径 D 与工件直径 d 相差越大，金属的加工硬化效应越强。拉深时的变形阻力也就越大，甚至有可能将工件底部拉穿。因此，d 与 D 的比值 m(称为拉深系数)应有一定的限制，一般 $m=0.5\sim0.8$。拉深塑性较高的金属，m 可以取较小值。当受到拉深系数限制，不能一次拉成时，可进行多次拉深。为了消除加工硬化，在多次拉深的过程中间，常要进行再结晶退火。

2.3.5.2 职业性危害

冲压加工中最易发生伤手事故，造成冲压事故的原因是多方面的，归纳起来有以下几种：

(1) 冲压设备以机械压力机为主，机械压力机的特点是行程速度快(50~120 次/分)，惯性大。当切断电源后，滑块仍在滑动，虽有制动装置，但仍不易立即刹住。

(2) 大多数冲压设备都承担多种产品的生产，并要完成冲孔、成型、弯化、切边等多种工序。因受产品多变、常换模具的限制，不易实现自动化，多为手工操作。在手工操作的情况下，操作者的手、臂不可避免的要进入冲模危险工作区内，稍有疏忽就可能发生事故。

(3) 冲压设备上，由机械部分及电气部分组成的控制系统，常因离合器、制动装置磨损，电气、气动元件失灵以及制动磁铁性能劣化，导致制动失效，使原来的单冲运动变成连冲运动。

(4) 冲床操作时噪声大、振动大；工作场所也常存在照明、通风不良的情况。这些外界因素都会导致操作者注意力分散，反应迟钝，容易发生手部冲伤或模具、工件滑落砸伤等事故。

2.3.5.3 防护措施

(1) 安全技术措施

① 设置模具防护罩：设置模具防护罩的目的是当滑块下行时，防止人手进入危险的工作区内。

② 改善模具结构：扩大模具安全操作空间，便于操作，防止压伤手指。

③ 用送料或退料机构代替手工操作：从凹模孔退出的制件，可用弹簧退料装置。形状规则的制件，可用气动推杆推出。小而轻的制件，可用压缩空气吹出。形状复杂的大型制件，可用气动(液压)夹钳或机械手取出。

④ 采用手工工具：在中、小型压力机上，如不能采用机械化送、退料装置时，可来用

手工工具送料、取件。为防止手工工具在意外情况下压入模具，造成模具或设备的损环，手工工具应尽量选用软金属或非金属材料制作。

⑤ 采用双手操作按钮装置：双手操作按钮装置是用双手开关和电气回路控制冲压机的滑块运动。只有双手按动开关电钮时，滑块才能启动，因此增加了操作的安全性。双手操作按钮装置除要求开关和控制电路绝对可靠之外，为了防止开关被意外触动，开关按钮应加档板防护，两个开关的内侧距离应大于300mm。

⑥ 采用拨手式防护装置：这种装置是应用杠杆、连杆等机构使拨手器(板、棒、片)和冲床滑块联动，当滑块下行时，拨手器触动操作者的手，迫使它离开危险区，以保证安全。拨手器上的触动人手部位，都应包(或裱)有软性材料，尽可能减轻操作者被触动时的疼痛。

⑦ 采用手推式安全装置：送料时操作工人用手将透明保护板推下，使电路断开，压力机即停止运动。当手臂退出后，保护板在弹簧作用下恢复直立状态而将电路接通。

⑧ 采用光电安全装置：光电安全装置是采用一套投射光源和光电接收管，装在冲压机上工人操作范围的两侧，并组成完整的电气—机械控制回路，由光信号通过电气线路和执行机构(气动器件、电磁铁、离合器、制动器等)控制冲压机滑块的停止和运动。当光源发出的光束不受阻挡而被光电管接收时，冲压机连续正常工作，当光束被人手、工件、器物等遮断时，光电安全装置立即制动，停止滑块的下行运动。光电安全装置的优点是灵敏性高，安全性能较好，不受工件或模具变化的影响。对转速低于120次/分的大、中型低速冲压机都适用。

(2) 安全管理措施

除加强安全技术措施之外，加强安全管理工作也很重要。一般应从下列几个方面着手：

加强安全技术教育工作。抓好安全教育，使操作者熟悉每一个工序的操作程序及有关规定。认真贯彻工艺规程。认真贯彻冲压安全操作规程，合理地、正确地使用设备、工装。加强设备，工装管理。要认真做好预修，提高完好率，要进行巡回检查活动，落实岗位责任制，及时消除隐患。

2.4 铸造安全技术

2.4.1 铸造生产特点与工艺分类

将液态金属浇注到具有与铸件形状相同的铸型空腔中，待其冷却凝固后，获得毛坯或零件的方法，称为铸造。

铸造生产的优点是：既可生产简单的铸件，又可生产复杂铸件；既可生产小型铸件，又可生产大型铸件；既可节省金属材料，又可节省切削工时。铸造生产的缺点是：以同样材料的锻件与铸件相比，前者的机械性能较高，后者的机械性能较低。原因是铸件晶粒粗大且不均匀，局部还有缺陷，如缩孔、气孔、夹杂等。近年来，随着现代化科学技术和生产的不断发展，铸造行业中新技术、新工艺、新材料和新设备的不断采用，正在迅速地改变着铸造生产的面貌，铸件的质量和性能也有了显著的提高。因而，使铸件的应用范围日益扩大。

铸造按工艺特点，可分为两类：

(1) 砂型铸造

它是应用最广泛的一种铸造方法。世界各国用砂型铸造生产的铸件，约占铸件总重量的 80%以上。

(2) 特种铸造

随着铸造技术的发展，特种铸造已日益广泛地得到应用，这是因为特种铸造具有很多优点，铸件尺寸精度和表面光洁度高，可以减少或完全省去机械加工。铸件内部质量和机械性能比砂型铸造高，劳动条件好，便于组织机械化、自动化生产。正由于特种铸造的劳动条件较好，所以发生安全事故的机率也相对较少。

特种铸造根据工艺过程不同，又可分为如下几种：熔模铸造、金属型铸造、压力铸造、低压铸造、离心铸造和壳型铸造。

2.4.2 砂铸造型安全技术

2.4.2.1 工艺过程

砂铸造型的工艺过程，包括下列工序，制作模型和芯盒、配制型砂和芯砂、制造砂型和砂芯、起模下芯和合箱、金属的熔化和浇注、铸件的清理和检验等。

(1) 造型的基本材料

造型的基本材料主要有型砂、芯砂、涂料及扑料。

① 型砂

原砂：如河砂、湖砂，占 85%左右；黏结剂：如黏土、膨润土，占 10%左右；水：占 5%左右；附加物：常用的有煤粉和木屑等。

煤粉的作用是浇注时能立即在型腔表面燃烧而形成一层 CO 气膜，从而防止铸件粘砂。煤粉的加量为 3%左右。木屑的作用是提高型砂的退让性，防止铸件在凝固收缩时开裂。木屑的加量为 1%左右。

型砂的必备性能是要有适当的成型性，在外力作用下能与砂箱及模型成型，去模、去箱后仍能保持成型形状而不改变。

要有足够的强度，保证铸型在搬运、合箱、浇注过程中，不发生塌箱、冲砂等现象。

要有一定的透气性，保证金属在液态下所溶解的气体在冷却过程中能顺利逸出，以避免铸件产生气孔。

要有很高的耐火性，保证铸型型腔与高温金属接触时不软化、不熔化，以避免铸件产生黏砂。

要有相应的退让性，保证铸件在冷却收缩时，型砂也随之压缩，以避免铸件产生热裂。

② 芯砂

由于型芯在浇注时被液态金属所包围，故受到的冲击力、热应力、上浮力、压缩力都很大，而且排气条件更差。因此对芯砂要求有更高的成型性、干强度、透气性、耐火性及退让性。故芯砂常采用特殊的黏结剂如桐油、树脂等来配制。

③ 涂料及扑料

为了增加铸型型腔的耐火性，减少铸件黏砂，提高铸件光度，常采用下列措施：对湿型型腔，常涂刷涂料石墨水。对干型型腔，常扑敷扑料石英粉。

（2）造型的主要方法

造型的主要方法有手工造型和机器造型

手工造型，多用于单件或小批生产，其主要方法如下：

① 整模造型：

整模造型的工艺过程：对形状简单、起模方便或不允许有错箱缺陷的铸件，应尽量采用整模造型。整模造型的主要特点是模型在一个砂箱内，可避免上、下箱错位而造成铸件的错箱缺陷，因此铸件精度较高。此外，模型制造简单，造型也较方便。

② 分模造型

分模造型的工艺过程：当铸件没有平整表面、最大断面在模型中部、难以进行整模造型时，可将模型在最大断面处分开，进行分模造型。分模造型的主要特点是分模面必须在模型的最大断面，上、下模应有定位销钉。

③ 三箱造型

三箱造型的工艺过程：当铸件形状复杂、需用两个分型面才能把模型从砂型中取出时，可采用三箱造型。三箱造型的主要特点是三箱造型比较复杂，要求工人技术较高，生产率低，必须有高度相适应的中层砂箱，只适用于单件、小批生产。

机器造型可大大提高生产率，普通造型机每小时可生产 20~80 箱，自动造型机每小时可生产 200~800 箱。机器造型可提高铸件精度，减少加工余量。

2.4.2.2 职业性危害

（1）矽肺

尘肺是个统称，不同的粉尘可发生不同的尘肺。接触石棉尘所得的尘肺叫石棉尘肺，接触煤尘所得的尘肺叫煤尘肺，接触 SiO_2 所得的尘肺叫矽尘肺，简称矽肺。铸造工人，特别是铸造行业中的翻砂工人、喷砂工人、清砂工人，因为经常与砂接触，而砂的主要成分是 SiO_2，所以患矽肺的机率也多。直径在 5 μm 以下的矽尘，能长期悬浮于空气中，故对人体危害最大。早期的矽肺病人大多无感觉，多在矽肺普查时才发现。但随着病情的发展，会出现气短、胸痛、咳嗽等症状。

胸痛：矽肺和矽肺合并结核的病人大多数伴有轻重不同的胸痛。这种胸痛可能和矽肺波及胸膜有关。

气短：早期可能在跑步、登楼、干重活时有气短表现。病情越重，气短表现越明显。据调查，三期矽肺病人 95%有气短症状，严重者睡觉不能平卧。

咳嗽：咳嗽是矽肺病人比较常见的症状。当尘粒刺激气管或支气管或支气管的内膜时，也能引起反射性咳嗽，但咳嗽不一定都是矽肺。

合并症：是指在患有矽肺同时还合并了其他呼吸道疾病。如常见的肺结核、肺气肿，肺心病、慢性气管炎和气胸等。

（2）砸伤

砸伤多是翻箱、合箱、吊箱或砂箱堆放过高而倒塌所引起的。

（3）中毒

用合成树脂作黏结剂配制树脂砂制造砂芯时，有许多优点：硬化快，生产率高；硬化后强度高；砂芯尺寸精确；表面光洁；退让性、溃散性好；便于实现机械化、自动化。故它是现代铸造生产中很有发展前途的一种工艺技术。然而，各类树脂砂在配制，制芯及受热熔化、硬化以及浇注过程中，有甲醛、氰化物、氨、一氧化碳、二氧化碳以及其他碳氢化合物等有害气体产生。这些有害气体对人体产生毒害作用。

（4）火灾

铸造车间属高温明火车间，而车间内可燃物质很多，故极易引起火灾。原材料引起的火灾：如制芯用的呋喃树脂，其闪点约为78℃，遇明火立即燃烧。又如制芯过程中普遍采用的汽油、煤油、酒精等，也极易挥发，遇明火也极易燃烧而导致火灾。工艺过程引起的火灾；如酚醛树脂壳芯砂干法混制时产生的粉尘，能引起燃爆。

2.4.2.3 防护措施

（1）矽肺的防护措施

① 采用水法防尘

水法作业是一项比较经济而有效的防尘方法。此外在造型车间还可采用蒸汽喷雾除尘。其原理是：蒸汽能迅速透入尘粒表面，使扩散状态的微细尘粒逐渐聚集，增大体积，增加重量，从而沉降下来。其方法是利用管道把蒸汽送到需要除尘的地方。在蒸汽管口装有喷嘴，喷嘴可用锥形、扁形、分叉式和圆管式等多种。其优点是：射程较远，扩散面大，蒸汽分布均匀，设备简单。

② 加强卫生保健

a. 个体防护

这里重点介绍一下防尘口罩，防尘口罩一般有两个进气孔，一个出气孔。进气孔有纤维滤膜滤尘，出气孔有一个弹簧垫。防尘效果很好。静电口罩：是应用某些纤维厂产的静电滤膜，再用一个塑料支架，将膜纸包在架上，即可达到防尘效果，阻尘率可达95%。压气口罩：将压缩空气用橡皮管输送到口鼻部，使局部维持正压，粉尘不能浸入，呼吸相当畅快。尼龙口罩：在一般纱布口罩中间夹一层尼龙布，此种口罩轻便易制，使用方便，阻尘率可达90%以上。

b. 定期体检

对接触矽尘工人进行定期健康检查，是早期发现尘肺、摸索尘肺发病规律的一项重要调查研究工作。对含有游离SiO_2较高、粉尘浓度较大、发病率较高的厂矿，可每隔6~12个月检查一次。发现有各型活动性肺结核、严重的上呼吸道及支气管疾病以及心血管疾病等都应列为禁忌症来处理。

c. 定期测尘

测定时间：在一般情况下应1~2个月测一次。尘点要定下来，对各尘点要进行一些必要的动态观察。

测定方法：采样可用直、交流两种测尘机、流量计(转子、液体)、吸尘头、滤膜。我国规定为重量法。采样时应注意人为扬尘对粉尘测定的影响。以呼吸带水平为准。测尘头要平行。

d. 对症治疗

矽肺病治疗药物较多，有西药也有中药。不少药物对矽肺的抑制、减轻和改善肺功能都具有一定的疗效。

(2) 砸伤的防护措施

① 有裂纹或有其他缺陷的砂箱、托板，严禁使用。砂箱、托板的大小要符合烘炉要求，力求轻便，对于较大的砂箱、托板，必须有把手、突缘或“耳子”，以便牢靠地捆绑绳索，保证起重运输安全。

② 大中型砂箱，在造型过程中为翻箱方便，一般常用两个中型支架，在装支架时，必须地位适当，深埋可靠。否则将造成砂箱倾倒伤人。

③ 从安全角度出发，为防止震动式造型机因震动而松动机器地基，应在机器底脚的基础部分，安装防震的装置。为防止风动造型机意外地开动，必须采用弹簧锁紧装置。在调整或检修造型机时，总进气阀门必须预先关死。

④ 吊砂箱及翻箱时，再一次检查砂箱是否有裂纹、弯曲松动，箱带是否坚固。

⑤ 叠放砂箱和砂型时，一定要整齐、牢固、不得歪斜。600mm 以下的砂箱叠放高度不得超过 2m，砂箱间距一般不小于 0. 5m。

⑥ 吊砂箱及其他物件时，吊具、吊索不准有裂纹，链条、钢丝绳必须挂平衡。吊大砂箱要用天平梁，将四个箱都挂牢，禁止只挂两个。吊物上不得站人，不得随吊物行走。大小不一的砂箱不准一块吊。在吊起的砂箱下面工作或修型时，必须采取措施，用坚固的支架在其下部支垫牢靠，保证绝对安全，才能进行施工。

⑦ 使用风动工具，先检查风管，接头是否完好牢固，以免脱落伤人。使用时，操作者的两腿要摆开，以防砸脚。

⑧ 烘烤砂型和砂芯装炉时，须层层放入，先里后外，其底要牢，切勿堵塞火道、烟道等通气孔。此外，不能堆放过高。

(3) 中毒的防护措施

为了保障操作者的身体健康，对有害气体的最高容许浓度作了规定，使用树脂砂时，应保持操作现场通风良好，生产线上要有足够的通风排气设施。并定期对现场进行检测，以保证有害气体含量低于规定的最高容许浓度。此外，在操作时还要预防有害物质的毒害：呋喃树脂对人的皮肤有刺激；乌洛托品对人的皮肤有刺激；苯酚对人体有毒害；游离苯酚>5%时，就会引起严重的皮炎。因此在操作时要带橡皮手套或抹一层皮肤油膏，操作后洗手。

(4) 火灾的防护措施

以呋喃树脂为例，其闪点约为 78℃，易着火，不能放在太阳下曝晒或靠近热源，以室温、阴凉处存放为宜；也不要长时间与空气接触；呋喃树脂在高温下会慢慢聚合成分子量较大的树脂，影响树脂的性能；盛满树脂的容器若长时间于 100℃以上受热，就有起火和爆炸的危险。酚醛树脂壳芯干法混制时，粉尘飞扬，极易发生燃爆；配砂制芯过程中普遍采用的汽油、酒精、煤油等，也极易发生燃爆。因此，生产场地，要根据实际情况，制定严格的防火措施。

2.4.3 特种铸造安全技术

2.4.3.1 特种铸造的工艺过程

(1) 金属型铸造的工艺过程

用铸铁、钢材或其他合金制造铸型，以取代砂型及部分砂芯，称为金属型铸造。金属型铸造主要的工艺过程为：铸型预热→型腔喷涂料→合型锁紧→浇铸→铸件出型。

对于铸型预热而言，是因为金属型导热性好，液体金属冷却快，流动性剧烈降低，容易使铸件出现冷隔、浇不足、夹杂、气孔等缺陷，故浇注前须进行预热。预热的温度随合金种类、铸件结构、铸件大小而定，一般不超过350℃。预热的方法有喷灯、煤气加热器、电阻加热器、加热炉加热等。这些预热方法根据具体生产条件加以选择。

型腔喷涂料的作用是保护铸型型腔，降低冷却速度，调整冷却速度，以获得表面光洁、组织均匀、性能一致的优质铸件。

(2) 熔模铸造的工艺过程

熔模铸造是在蜡模表面涂上数层耐火材料，待其硬化干燥后，将其中的蜡模熔去而制成型壳，再经过焙烧，然后进行浇注。由于获得的铸件具有较高的尺寸精度和表面光洁度，故又称"精密铸造"它广泛应用于航空工业，如喷气发动机的涡轮叶片、导向叶片，由于型面复杂，加工困难，采用熔模铸造方法，可大大简化加工工艺，节省加工工时，降低产品成本，提高产品质量。

熔模铸造的工艺过程是：标准铸件→制作压型→压铸蜡模→组合蜡模→制作型壳→脱蜡处理→填砂焙烧→热壳浇注。

制作压型是用来制造熔模的模具，称为压型。压型型腔的尺寸精度和表面光洁度，应满足蜡模的相应要求，压型的材料多用碳钢。

压铸蜡模工艺中，蜡模的尺寸精度和表面光洁度，应满足铸件的相应要求。蜡料的配制，熔化，一般在化蜡槽中进行。其加热方式多为水套或油套，以电热丝或蒸汽间接加热。模料熔化后，多采用压力注入法注入压型，冷却后从压型中取出获得蜡模。

组合蜡模是将蜡模与直浇口、内浇口等用电热刀焊成一体。

制作型壳的工艺流程是：浸挂涂料→敷挂砂层→硬化干燥。

脱蜡处理是将带有型壳的模组用热水法或蒸汽法将蜡模熔化流出，从而获得中空的型壳，流出的蜡料可以回收复用。

填砂焙烧工艺中，焙烧的目的是除去壳内水分、残留蜡料及皂化物等。通过焙烧可提高型壳的强度、透气性和型腔表面的光洁度。焙烧通常在电阻炉内进行。为了防止型壳变形，可采用填砂焙烧。

(3) 压力铸造工艺

压力铸造是在高压(一般为500~15000N/cm^{2}甚至达30000N/cm^2)、高速(一般为5~

50m/s，甚至达 80m/s）的作用下，把液态或半液态金属压入金属铸型，同时在压力下凝固而获得铸件的一种方法。它是近代铸造工艺中发展较快的一种少切削、无切削工艺，也是机械化程度和生产效率很高的铸造方法。所生产的铸件精度高，强度比砂型铸造大 25%～30%。广泛用于航空、航天、汽车、电子、仪表等工业。其工艺流程为：合模→浇注→压铸→持压→冷却→开模→顶出铸件。

（4）低压铸造工艺过程

低压铸造是液体金属在压力作用下，由下而上地充填铸型型腔，以形成铸件的一种方法。由于所用的压力低（一般为 20～70N/cm^2）所以叫低压铸造。它的优点是铸件致密度高，含气体、夹杂少，成型性能好，可铸造大型薄壁铸件，铸件浇注系统消耗金属少，金属利用率可达 90%以上。航空与航天工业的大型薄壁铝、镁铸件，均采用低压铸造方法生产。

（5）离心铸造的工艺过程

离心铸造是将液体金属浇入旋转的铸型中，使液体金属在离心力的作用下充填铸型，并凝固成型的一种铸造方法。由于离心力的作用，所铸出的铸件组织致密，无气孔、缩孔和非金属夹杂。它适于铸造空心圆筒形铸件，航空发动机的涡轮外环、火箭发动机的低温密封环，均采用离心铸造成型，其他如轴瓦、轴套，以及下水道的铸铁管等，都是离心铸造的典型件。离心铸造大部分为金属型，故在浇注前必须预热。然后在工作表面上喷刷涂料，以防止铸件与型壁黏合，并调整铸件的冷却速度。选择转速时，主要应考虑保证液体金属进入铸型后，能立即形成圆筒形。

2.4.3.2 职业性危害

（1）砸伤

金属型一般由左右模块、底座、托盘、上下钢芯和活动块等部件组成。装配、检修、拆卸时，如吊耳焊接质量不好，或操作不小心，易造成模块砸伤事故。

（2）烧伤

金属型模块未锁紧，分型面有缝隙以及压力铸造分型面不紧密时，都会引起金属液喷射流淌将操作者烧伤。低压铸造时，未泄压即开型取铸件，金属液会从升液管中喷出，也会将操作者烧伤。离心铸造时，金属液浇注过多而甩出，也易将操作者及附近工人烧伤。精密铸造时，型壳与炉口配合不良，或型壳开口处有缺口，在翻转炉体时，会引起高温金属外喷而导致烧伤事故。

（3）火灾

熔模铸造时，蜡的熔点很低，如石蜡、硬脂酸为 50～65℃，川蜡、蜂蜡和地蜡为 60～80℃，松香为 90℃，容易失火燃烧。

（4）粉尘

熔模铸造时，配制涂料、制造型壳，以及铸件清理时，都有大量粉尘飞扬。如大量吸入肺部，则得尘肺。而且这些粉尘大多含 SiO_2，故精铸车间所得尘肺均为矽肺。必须指出，精铸车间比普通的砂型铸造车间工人患矽肺的发病率要高得多。原因是普铸型砂中含 SiO_2 在 75%左右，精铸用砂中含 SiO_2 竟在 98%以上。普铸型砂中含水较多，在 5%左右，精铸用砂中全为干砂，含水量极少。普铸用型砂颗粒较大，精铸用石英粉颗粒极细，涂料中石英粉以及表层挂砂用石英粉，有的要求至240目。

(5) 中毒

在熔模铸造中，有一道极为重要的工序，即制造型壳。首先是浸挂涂料，即把蜡模模组浸入到由55%~60%石英粉(SiO_2)和40%~45%水玻璃所组成的糊状涂料中，使蜡模表面挂上一层涂料。其次是敷挂砂层，即把挂有涂料的蜡模组放到撒砂床上，再在用压缩空气喷砂的砂床上转动数周，使模组表面的涂料层粘上一层石英砂。接着是硬化干燥，即把挂有涂料、粘有砂层的模组浸入专用的硬化剂中。硬化剂是含20%~25% NH_4Cl 水溶液。它能与水玻璃作用，分解出硅胶，从而把石英砂黏结得十分牢固。

这样的制壳工序要进行多次，一般为6~7次，多者达12~13次。在上述工序中，硬化槽中会放出大量的NH_3。通风条件不好的车间，致使氨气弥漫，催人泪下，令人呛鼻，使人无法在车间中停留。

2.4.3.3 防护措施

(1) 金属型铸造安全技术

① 金属型一般由左右模块、底座、托盘、上下钢芯和活动快等零件所组成。为保证装配、检修、拆卸、吊运牢靠安全，应设计专门的吊耳、吊轴或安装环状螺杆的螺孔。而吊耳、吊轴等不仅要保证室温强度，而且要保证高温强度，另外要保证焊接质量。大型金属型起吊部分的受力焊缝，要经X光检测，合格后方可投入生产。

② 金属型一般要就近布置在保温炉附近，使浇注距离最短。模型周围工作场地需用带网纹的铸铁地板砌成，以防金属液流淌、爆溅伤人。

③ 金属型在浇注前、浇注过程中都需要加热和保温。当采用电热元件制成的加热器时，应保证工作安全，不发生短路、触电，且应使模型可靠地接地。当采用煤气管状加热器预热保温时，要防止煤气泄漏中毒或失火燃烧。

④ 金属型与金属型之间的距离，应不小于1.5m。太近时容易在浇注过程中发生碰撞，从而导致其他伤害事故。

⑤ 一般浇注铸钢、铸铁、铸铜等高熔点合金的金属型模块部件，由于热应力、组织应力引起的热疲劳，易产开裂和变形。预热时加温不均匀或剧烈局部加温的金属模底座，也极易发生变形或开裂。这些变形、开裂的金属模部件，是浇注中产生各类事故的隐患。因此必须定期检查、修复或更换。金属模的通气沟槽、通气塞要保持畅通，防止浇注时排气不畅而产生呛喷。

⑥ 预热后的金属型型腔，常喷各种保温涂料及调温防护涂料。这些涂料含有石墨粉、氧化锌、石英粉、滑石粉等粉尘。喷涂时应在有抽风的情况下进行，并戴好防尘罩。

⑦ 金属型在反复连续浇注时，某些部分温度将升高。此时可采用表面喷水、刷水、或用压缩空气吹的办法，以降低温度。喷水、刷水不宜过猛，以防流淌地面。如型具设有循环冷却水套，则应严格防止渗漏。在内腔空框处通入压缩空气。冷却时，要防止高压气体渗透穿入合金液。一般多在浇注完毕后适当时间，当铸型表面一层合金液开始凝固时，再通入压缩空气或水冷却铸型，就可达到安全激冷的目的。

⑧ 模块要锁紧，分型面应无缝隙。高大金属型浇注时，不要站在垂直分型面处，防止

因模块热涨、锁扣断裂、合金液在静压力作用下喷射流淌而造成烧伤。

⑨ 镁合金金属型浇注时，要撒硫磺粉保护。浇注工应做好个人防护，防止吸入过多的SO_2而中毒。有较多的金属型同时投产时，应加强车间的通风排气能力，以便除尘和散热，并将SO_2降到最高容许浓度以下。

(2) 熔模铸造安全技术

① 化蜡常用的电阻加热炉，电器开关应安装联锁保险装置。化蜡埚应安装报警器和指示灯。结束时应拉下电闸，切断电源。切忌疏忽大意而造成蜡料过热燃烧，从而导致严重火灾。

② 当采用低熔点蜡料时，蜡料软化温度较低，只有30℃。如室内温度过高，蜡模将软化、变形。为保证蜡模尺寸不变，室温常控制在25℃以下。长期在温度较低、湿度较大的蜡模间工作，应注意自身保暖，预防风湿。

③ 配制涂料、撒砂制壳、铸件清理，均有大量粉尘飞扬。故上述工段，必须有良好的通风排尘设施。

④ 型壳用氯化铵硬化时，会挥发出大量的氨气。用聚合氯化铝硬化时，则可能分解出氯及氯化物气体。用其他硬化剂硬化时，也会挥发出有毒性的气体。除加强排风外。

⑤ 化蜡、脱蜡、焙烧等工序，普遍采用热水、蒸汽和电热设备。为防止烫伤，为减低劳动强度，应尽量机械化。

(3) 压力铸造安全技术

① 压力铸造机应安装在单独的厂房内，每台压铸机都要用金属防护挡板隔离。

② 压铸生产前，必须仔细检查压铸机和铸型的高压液压传动装置、开合铸型装置、锁紧装置及冷却系统等是否漏油、漏气、漏水，各部件运动及工作状况是否正常完好。

③ 压铸模分模面必须结合紧密，没有超标间隙，防止熔融金属从间隙中喷出。生产时最好在分型面处设置安全防护挡板。操作人员不得站在分型面处，以防金属液喷射出来造成烧伤。

④ 压铸模及与金属液接触的料勺等工具，必须经过烘烤预热，避免发生"爆溅"。

⑤ 机器打开时，切忌将身体伸入模具分型面的空隙内。如果要清理模具和因操作上排除故障而需要进入空隙内时，必须事先拉下电闸，切断电源。

⑥ 更换冲头时，应按操作规程进行。注意操作机构的按钮、手柄等的相应位置。

⑦ 发现机器漏液时，应检查漏液原因，并及时修理、排除。因为当工作液为热液时，泄漏易引起火灾，当工作液为乳化液时，泄漏易引起金属液飞溅伤人。

⑧ 操作人员离开机器时，必须拉下电闸，切断电源。

(4) 低压铸造的安全技术

① 升液管必须涂上涂料，并按工艺要求预热后，才可浸入坩埚，以防与合金液接触时发生爆溅。

② 升液管的保温器应密封良好，防止渗漏合金液造成短路。

③ 铸型要装配严密，上下模块、砂芯及上压板等要紧固牢靠，不得有缝隐，以防金属液渗漏，将操作人员烫伤。

④ 压缩空气必须干燥，无水、无油。低压气体供气系统装置。

⑤ 充型浇注时，分型面处不得站人，最好设置防护挡板。

⑥ 开型取件前，必须先泄压。未泄压就开型取件，可能导致液体金属喷溅。轻则烧伤，重则致残、致死。建议在设备上设置“泄压、开型”的联锁保险装置。

（5）离心铸造的安全技术

① 离心机所有活动旋转部分，均应有防护装置，旋转的铸型，更需用外罩罩住。所有螺钉均应拧紧。浇注前应作空车旋转检查。

② 铸型必须牢固地固定在离心机的旋转轴及转盘上，以免巨大的离心力导致铸型脱落，从而发生重大事故。

③ 安装铸型时，应检查是否平衡。如果发现不平衡，则应认真调整，直到平衡才能开始浇注。

④ 注入铸型中的合金液体，必须定量。注入过多，将造成金属液甩出伤人。

⑤ 用水冷却铸型时，严防冷却水与金属液接触，以免爆炸飞溅。

2.4.4 金属熔化安全技术

2.4.4.1 工艺过程

（1）铸铁——冲天炉

工艺过程是：烘炉、点火、加底焦→装料→开风、熔化→出铁、出渣→停风、打炉。

（2）铸钢——电弧炉、感应炉

① 电弧炉

电弧炉一般用于熔炼普通碳钢和合金铸铁。它是以电能作为热源，通电以后，在石墨电极与炉料之间产生电弧，电流从一个电极通过固体炉料起弧回到另一个电极，电极下面的炉料便被加热而熔化。然后通过各种物理化学反应，使钢液或铁液净化。电弧炉熔炼的工艺过程为（以碱性电炉为例）：装料→通电熔化→氧化期→还原期→出钢浇注。

② 感应炉

利用感应电流加热熔化金属原料的炉子叫感应电炉。按照所有电流频率的高低分高、中、低频感应电炉。一般铸钢所用感应电炉是频率为1000~3000Hz的中频感应炉。熔炼方法以重熔金属料为主，一般不采用电弧炉炼钢所用的炉渣进行氧化和还原等精炼。感应炉熔炼的特点是钢水受到电磁力的搅拌作用，温度和成分均匀，合金元素的回收率高。但由于没有精炼过程，装入炉料必须严格选择和控制。感应炉熔炼的工艺过程为（以碱性感应炉为例）：套炉→炉料准备→装料→送电熔化→脱氧→除渣→浇注。

（3）铸有色金属——坩埚炉

坩埚炉是目前在有色合金铸造中使用得较为广泛的一种熔炉。它具有结构简单，制造容易，维修方便，能使用各种燃料等特点。铝、镁、铜及其合金，均可在坩埚炉中熔炼。坩埚可用石墨制造，也可用低碳钢板焊接而成。根据所使用的燃料不同，坩埚炉又分焦炭炉，燃油炉、燃气炉及电阻炉等。

工艺过程（以熔炼铝合金“熔炼铝合金”为例）：坩埚准备→原料准备→装料入炉→升温

熔化→精炼处理→变质处理→扒渣浇注。

2.4.4.2 职业性危害

（1）烧伤

黑色金属与有色金属的熔炼过程中，均接触高温高热，特别容易造成烧伤与烫伤事故。一般情况下，各种金属液的出炉温度如下：化钢炉流出的钢液温度在1650℃左右；冲天炉流出的铁液温度在1350℃左右；化铜炉倒出的铜液温度在1150℃左右；化铝炉倒出的铝液温度在750℃左右；化镁炉倒出的镁液温度在750℃左右。

（2）中毒

① 冲天炉化铁时，炉内有大量CO，稍一不慎，便可导致中毒、死亡。

② 铝合金熔炼时，常采用的精炼剂为六氯乙烷、氯化锌、氯化锰等。常采用的变质剂为氯化钠、氯化钾、氟化钠、冰晶石等。这些物质，在高温铝液中生成三氯化铝、氯化氢、四氯乙烯及氯等有害气体，对人体有剧烈的毒害作用。

③ 铜合金熔炼时，可能逸散出铜、锌、锡等元素的金属蒸气及其氧化物的烟尘微粒。这些蒸气与微粒吸入肺泡后可能产生“金属烟雾热病”，此病又称“铸造热”、“锌热”、“黄铜症”等。初期时四支无力，头痛头昏，咽喉干燥，口内有金属味，胸部有紧迫感，并可伴发恶心、呕吐、腹痛、咳嗽、气喘；严重时发冷发热，遍身发汗，神志大清，抽搐痉挛。此外用磷铜脱氧时，还产生有毒的P_2O_5。

④ 镁合金熔炼时，为了防止燃烧、爆炸事故，大量采用熔剂、防护剂、灭火剂等。这些物质在高温作用下，产生大量的CO_2、NH_3、Cl_2、SO_2和HF等有害气体。

（3）火灾

① 冲天炉炉顶，会冒出大量的炽热火花，这是铸造车间发生火灾的潜在因素之一。

② 镁合金熔炼过程中，镁对氧有着极大的亲和力，当镁液与空气或水气相遇时，即发生剧烈氧化而燃烧，放出大量的热，生成MgO而且燃烧越来越剧烈，直至爆炸。故在镁合金的熔炼过程中，最容易发生火灾及爆炸事故。

（4）爆炸

① 在停风时，如不打开冲天炉炉子风口，让含大量CO的废气进入风箱，则可能引起爆炸。在用冲天炉铁水熔制球墨铸铁时，如中间合金（稀土镁）未经预热、含有水分，或中间合金成分不对、含镁过高，都将引起爆炸。

② 以感应炉为例：若进水系统堵塞，设备将被烧坏；若出水系统堵塞，管道中的水将被汽化，压力增大，当压强超过紫铜的承受压力时，则可能发生爆炸。

③ 以坩埚炉为例：如添加炉料不经150~200℃预热，直接投入坩埚金属液内，则由于炉料中气孔、盲孔、凹槽中所存的液态水迅速汽化、体积迅速膨胀而可能发生爆炸。

（5）触电

铸造车间的冲天炉、电弧炉、感应炉、坩埚炉都直接用电，或有附属的电器设备。因此，在铸造车间也常有触电事故。特别是高频感应炉，局部电压高达数千伏，一旦触及，其后果不堪设想。

2.4.4.3 防护措施

(1) 冲天炉熔炼安全技术

① 修筑炉体安全技术，修炉时必须等到冲天炉冷却至50℃以下后，才能开始进行修炉。

② 点火开风安全技术，烘炉时炉底要用刨花或稻草保护，防止加料时砸坏。点火后装底焦必须小心轻放，开风前必须关闭装料口和打开冲天炉的所有风口与出铁口，操作工人的脸部不得正对风口，防止被火焰烧伤。风口关闭后，炉膛、前炉内可能含有数量较多的一氧化碳气体，要防止中毒事故。应及时用明火将各个缝隙处可能逸出的气体引燃。

③ 装料熔化安全技术，进行机械装料或人工装料时，都可能发生严重事故。因此在机械送料的路线附近，除加防护栅栏外，禁止行人穿行或靠近加料机。为更安全起见，在装料运行时应当有明显的警告牌或红色警灯。

④ 送风时，如出铁口开放。应在其前3~5m处放一挡板，以防高温碎焦、高温铁滴冒出伤人。在停风时必须打开炉子所有风口，以便排出废气，直到重新鼓风后5~6s再关闭，以免一氧化碳进入风箱引起爆炸事故。

⑤ 在清理风口挂渣、排除风口堵塞及炉料搭桥等熔化故障时要戴好眼镜及头部护罩，操作时目标准，动作快，防止烧伤事故。在发现炉壳烧红、炉底跑漏铁水等故障时，要慎重稳妥地采取措施排除故障。

⑥ 出铁、出渣安全技术。出铁前要清理并烘干出铁斜槽；准备好堵口塞头；各类浇包应按规定用耐火砖砌筑修搪，并烘烤干燥。未经烘烤的浇包，在盛装铁水时，由于水分汽化，可能发生爆炸，而导致铁水飞溅伤人。打通出渣口时，一定要停止送风。出渣口正前方不得有人来往，防止烫伤。排放的炽热炉渣应该用渣车运走，或通过流渣槽运走。禁止将炉渣直接排放在地面上任其流淌。堵塞出铁口用塞头，不能过潮，过于潮湿的塞头压入出铁口后，由于水分迅速汽化，压力迅速增长，会将塞头猛烈冲出、容易造成铁水溅出伤人。

⑦ 打炉清理安全技术，打炉前，炉内铁水、炉渣要出净，炉底地面应干燥。要借助辅助工具(钎、索键、防护板等)缓慢移动支架，打开炉底，应防止炉中高温余料突然坍塌造成砸伤烧伤事故。

(2) 坩埚炉熔炼安全技术

① 总体安全技术要求

石墨坩埚很脆，使用时不要敲打，轻拿轻放。用焦炭作燃料时，要防止CO中毒；用煤气作燃料时，要防止煤气中毒和回火爆炸，用电加热时，要防止电阻丝接触坩埚。因此，现场必须通风良好，工作前应用电笔检查炉壳是否漏电，严禁带电操作。炉料需经120~200℃预热才能加入坩埚内。熔炼浇注工具应仔细清理，在预热炉或炉沿上预热后才能舀取合金液体，以免引起爆炸。

② 铝合金熔炼安全要求

铝合金熔炼过程中会逸散出各种对人身有剧烈毒害的气体，故需采取严格的通风排风措施。精炼和变质处理时，须遵守下列规程：六氯乙烷要纯净，并压制成坚实的块状，密封干燥储存。精炼时要分批压入，严格控制精炼温度(730～740℃)，防止反应剧烈。当合金沸腾、烟雾弥漫时，可加入适量的氟硅酸钠抑止剂。并严格检查控温仪表。

③ 铜合金熔炼安全要求

由于铜合金熔点高，熔炼工艺较为复杂，去气脱氧精炼等处理温度较高，反应剧烈，甚至要求高温“沸腾”。因此要特别注意“沸腾”时飞溅所造成的灼伤，并要特别注意有害气体和金属蒸气的毒害。为此要特别注意铜熔炼坩埚炉的抽风排气设施的工作效率，加强个人防护。

④ 镁合金熔炼安全要求

镁合金熔炼过程中，为了防止燃烧，必须隔绝镁液与大气或水分接触。目前一般采用在覆盖熔剂层下进行熔炼。但如果坩埚渗漏，或操作不慎将合金液流入高温炉内，则将发生剧烈氧化反应，迅速产生高温高压而导致爆炸。为此须采取以下预防措施：

坩埚须采用低碳钢铸造或低碳钢板焊接而成，并经 X 光检验和煤油渗漏实验。

坩埚长期受高温氧化，壁部会因剥落面变薄。局部壁厚减少到一半时，坩埚应报废。要经常清除坩埚外壳的氧化铁皮，并用专门卡钳、夹具检查各部位壁厚。熔炼过程中要定期吊起规察，当发现坩埚局部变红、变软、变薄，或已经有合金液渗漏时，应及时停产更换。

坩埚不能装载过满，否则在精炼搅拌以及变质处理反应剧烈时，合金液会溢出。熔炉要用中性或碱性耐火材料(如镁砖)砌筑，不得采用酸性耐火材料(如硅酸盐)，因为 SiO_2 与镁液相遇时能发生强烈化学反应，增加了燃烧爆炸机率。

炉膛应保持干燥，无地下水及管道水流入。炉膛应定期清除，因坩埚氧化掉落的氧化皮，也会与镁液发生放热反应。熔炉底部应开设安全引导沟槽或导管，当大量合金液流入炉膛时，可迅速引导至安装在熔炉底部侧面的备有灭火熔剂的安全坩埚中去。

镁中需加入锰、铍、锆等合金元素时，由于锰、铍、锆等元素熔点较高，化学活性较大，单个元素很难加入进去。因此，须以特殊的熔制工艺，在较高的熔炼温度下，先制成中间合金。然后再以“生产配料”的形式加入镁中。铝镁锰、铝铍及镁锆等合金的熔炼难度很高，不安全因素很多，其中尤以镁锆合金的熔炼最为困难。如果熔融的镁液中有粉状锆盐，则极为危险。应向熔融的锆盐中加预热过的镁锭，或两者分别熔化，然后将镁液加入锆盐中。这种熔制工艺，较为安全可靠。

为防止镁合金在浇注过程中产生燃烧，必须采取有力防护措施。即在型砂及芯砂中加入各种防护剂。

氟添如剂：主要由 NH_4F、HF 和 NH_4BF_4(氟硼酸铵)组成的混合物。其加量为 6%～8%。上述物质在浇注受热后分解出氨(NH_4)、氟化氢(HF)等保护性气体，还可在镁合金表面形成 Mg_3B_2 及 MgF_2 等细密的薄膜。

硫黄粉：加入量为 1%～3%，个别情况可加到 5%，芯砂中加入 0.5%～1.0%在合金液的高温作用下生成 SO_2 气体，同时与镁作用生成细密的 MgS 薄膜。

硼酸(H_3BO_3)：在不同的型砂、芯砂中，加入量为 0.5%～3%。硼酸在高温下分解成硼酐(B_2O_3)。硼酐能在熔融的合金液与砂型的交界面上形成保护层，生成 MgO 和 Mg_3B_2 复合釉状细密的薄膜。

尿素[$CO(NH_2)_2$]、硫酸铝[$Al_2(SO_4)_3$]与硼酸的混合防护剂：加入量为 5%～8%。在

浇注条件下分解出 NH_3、CO_2、SO_2 等保护性气体及细密薄膜。

碳酸镁($MgCO_3$)、硼酸及乙二酸($C_2H_2O_4$)混合防护剂：在浇注条件下分解出 CO_2 保护性气体及 B_2O_3 与 MgO 等形成的细密的薄膜。

烷基亚硫酸钠($C_{16}H_{31}SO_3 \cdot Na$) 25%~30%的水溶液：加入量为3%~4%；硼酸：加入量为2%~2.5%。这种混合防护剂当砂型温度在450℃以上时，便分解生成 CO_2、SO_2 等保护性气体。

上述生成物，都能使高温 Mg 与空气隔离，从而防止了燃烧、爆炸。此外，原砂要纯净，要求无煤屑、草根、油污及其他有机易燃杂质。型砂的水分要严格控制，造型、起模、修型时不得涮水。所有修补，组合砂芯用的胶、膏及铸型涂料，均加入硼酸等作防护剂，并烘烤干燥。金属铸型喷涂以硼酸、石墨粉等组成的防护涂料。金属铸型应无油污、锈蚀，并要经过预热。

镁合金燃烧的灭火措施，熔融的镁合金，在空气中能急剧氧化而产生燃烧，并放出大量的热。镁合金碎屑或镁粉，其微粒越细，危险性就越大。一旦着火，就迅速向四周蔓延，从而酿成火灾或爆炸事故。所以镁合金在铸造过程中，要采取严格的防火措施。

当镁合金在熔化与精炼时，其上面应覆盖多种氯化盐、氟化盐的混合物作熔剂，如 CaF_2、$CaCl_2$、$MgCl_2$、$BaCl_2$、MgO、KCl、NaCl 等。因为这些物质在高温下分解出氯化氢、氯气等气体、以隔绝空气；同时熔剂以液膜方式或结壳方式均匀覆盖在合金液面上，从而使液态镁与空气隔离。

当浇注场地撒泼的金属液或铸型中的金属液燃烧时，可直接用型砂或硫黄粉扑灭。必须指出，干砂、型砂对数量较多、面积较大、已经猛烈燃烧的固态或液态镁合金没有灭火作用。因为此时砂中的二氧化硅与镁发生反应，放出大量的热，反而加剧了镁的燃烧。因此禁止用干砂、型砂去扑灭剧烈的镁合金火灾。氩、六氟化硫、二氧化碳、二氧化硫等气体，对镁合金具有相对的惰性。

(3) 电弧炉熔炼安全技术

① 修炉安全技术

将局部浸蚀严重的部位及时进行修补，是防止继续熔炼时发生炉壳烧红、漏钢，以致发生爆炸的重要措施。修炉实质上是将混有黏结剂(沥青、卤水等)的耐火材料填装到需要修补的部位，使其与高温炉体烧结在一起的作业过程。炉膛温度越高，越有利于烧结。所以出完钢后的补炉，要抓住炉体高温的有利条件，进行快速补炉。补炉系手工操作，高温辐射，条件恶劣，需多人连续作业。

② 熔化安全技术

正确装料。炉底应先放一层石灰或小块金属炉料，防止大块续料砸坏炉底。所有炉料及氧化还原造渣剂、脱氧剂均要保证干燥、无油。

没有中空密封的废旧零件，从而防止爆炸；没有铜、锡、铅、锌等有色金属废件，从而防止中毒。

二次补加炉料时防止钢水、炉渣飞溅。所有电器设备、开关、线路均应很好地绝缘，要有可靠的安全防护。

采用吹氧助熔时，要防止氧气回火烧伤和钢水飞溅。手不要握在氧气管接缝处。要检查是否漏气。吹氧压力不要太大，不要过于贴近炉料。不要用吹氧管捅炉料，防止堵塞发生回火。发生回火时，要及时关闭阀门。吹氧助熔不当，炉料会搭棚悬空，当下塌时又会造成剧烈沸腾，钢液熔渣飞溅。

停止吹氧时，要先关阀门，再拿出吹氧管，防止炉外燃烧。氧化期造渣加入石灰石、铁矿石时，如发生剧烈沸腾，应停止加料，减缓磷氧反应，或切断电源，抬高电极，把炉子向后倾，防止钢液、熔渣从炉门口溢出，也可以加硅铁压制沸腾。

流渣、换渣作业时，要保证渣坑、渣罐干燥，拌渣、取样工具必须经过预热。操作时，工具应托放在炉门铁框上。铁框与炉壳是接地保护的，因此即使碰上电极也不会触电。熔化过程中，要留心观察和检查炉体，防止发生炉壳变红、漏钢、水冷系统堵塞或漏水等事故。

一般漏钢事故都发生在还原期，且出现在出钢口、炉门两测炉渣线上。要根据具体情况采取果断措施，或快速修补继续熔炼，或更改钢号迅速出钢。

水冷系统堵塞时，水压将增高，温差将增大。若进水口堵死，设备将烧坏；出水口堵死，管道中的水将汽化，压力增加，可能发生爆炸。

打开出钢口、摇炉出钢、炉前脱氧、将钢水注入带陶瓷塞杆的底注式钢包等一系列作业，应精心谨慎。各工种操作要密切配合，紧张而有秩序地进行。指挥不当、分工不明、组织混乱、准备不全的出钢作业，必然会导致发生各种事故。

(4) 感应炉熔炼安全技术

① 采用各类感应电炉熔炼金属，应特别注意电气设备的使用安全。

② 套炉时应尽量采用干法(少加水)捣实，一层一层的筑捣，松紧适当。筑完层再筑另一层时，要将前一层表面划松，使层间结合紧密。过紧容易产生裂纹，过松坩埚烧结不良。熔化数炉后，要仔细检查炉体有无裂纹出现。若有缺陷，要及时修补。套炉用耐火材料必须注意不要混入导电性颗粒，如石墨、氧化铁等。

③ 如坩埚开裂漏钢，则钢水会将感应圈铜管烫化。铜管中的冷却水马上会与钢水接触而发生重大爆炸事故。熔渣结壳会使金属液内气体压力增大，也会导致金属液爆炸飞溅等重大事故，因此在熔炼过程中，注意搅动熔池，及时撤去渣壳。要特别注意检查感应圈水冷系统工作是否正常。

2.4.5 浇注清理安全技术

2.4.5.1 工艺过程

(1) 铸件的浇注

将金属液浇入铸型的过程称为浇注。浇注时，必须注意清除熔渣，不使熔渣同液体金属一同浇到铸型里。

① 浇注温度

浇注温度对铸件质量有很大的影响。浇注温度越高，液态金属热量越大，液态收缩量越大，对砂型的热作用越剧烈，容易产生气孔、缩孔、黏砂等缺陷。浇注温度过低，液态金属流动性差，黏度大，容易产生冷隔、浇不足、皮下气孔等缺陷。铸铁的浇注温度为，厚壁铸件，1250~1300℃；中壁铸件，1300~1350℃；薄壁铸件，1350~1400℃。浇注温度的高低，可用光学高温计或热电偶进行检测。

② 浇注速度

浇注速度是由浇注系统限定的，因此，在浇注过程中，必须保证液态金属始终充满浇注系统，严禁中途断流。

（2）铸件的落砂

将铸件自铸型中取出，以及从铸件内部取出芯砂和芯骨的过程称为落砂。铸件浇注后，必须在铸型中经过充分的凝固和冷却才能落砂。落砂过早，冷却过快，会使铸件产生内应力，从而导致铸件变形、开裂，铸铁件还可能形成白口层而很难切削加工。一般 10kg 左右的铸件需冷却 2h 左右才能落砂。上百吨的大型铸件则需冷却 10 天以上才能落砂。

（3）铸件的清理

铸件的浇口、冒口，铸铁件多用铁锤打断，铸钢件多用气割切除；有色件多用锯割切除。铸件的披缝、毛刺，用扁铲、风铲、砂轮清除。铸件的表面黏砂，常用滚筒、喷丸、水力清除。

2.4.5.2 职业性危害

（1）浇注过程的职业性危害

① 烧伤：将熔炼好的液态金属浇入铸型时，因为熔融的金属温度很高，所以浇注时的主要危险是烧伤。如铸钢浇注温度在 1500℃以上，铸铁浇注温度在 1250℃以上。在这样高的温度下进行浇注操作中，难免不产生高温金属液飞溅。尤其是人工浇注，其烧伤的危险性更大。

② 火灾：浇注过程，由于是高温明火，所以极易发生火灾事故。特别是镁合金的浇注，发生火灾的机率更高。

③ 爆炸：如浇包过于潮湿，遇到高温金属液体时，水分会迅速汽化，体积会迅速膨胀。若液态金属为钢液，温度为 1500℃，则体积将增大 7000 倍以上，显然会引起强烈爆炸。

④高温中暑：由于铸钢浇注温度在 1500℃以上，铸铁浇注温度在 1250℃以上，车间温度较高，在这种条件下，工人有时会出现高温中暑现象。

⑤热辐射眼病：从事浇注的工人长时间处于高温热辐射环境下，易患电光性眼炎和热性白内障等眼病。

（2）落砂清理的职业性危害

① 烫伤：铸件落砂时，有的仍然温度很高，一般在 100~200℃，有的甚至高达 400~500℃，如不带石锦手套取拿，则容易引起烫伤。

② 矽肺：落砂工地，尘土飞扬。此种尘土多是粉状型砂，而型砂的主要成分为 SiO_2，故落砂工患矽肺者比率极高。

③ 噪声：在采用机械化设备进行落砂或清理工作时，噪声极大。特别是风镐、球磨机等落砂、清理设备，不仅影响本车间的工人健康，而且也影响厂区周围居民的身体健康。长期处于噪声之中，不仅会导致听力减退，听力消失，而且会导致神经衰弱。

④ 击伤：在用榔头、扁铲清理铸件的飞边、毛刺、结疤时，常常会造成击伤。

2.4.5.3 防护措施

(1) 浇注防护措施

① 浇包设计安全技术

浇包的结构形式很多，按照搬运的方法可分为手抬式和吊车式。手抬式的容量较小，吊车式则较大。从安全角度来看，熔融高温金属及其强烈的辐射热，对浇包各部分都起损坏作用。因此在设计和计算浇包的强度时，不仅要求其常温强度，更重要的应保证它在高温情况下的热强度。浇包的加固圈、吊包轴、吊架等在设计计算时必须保证其热强度。浇包的转动机构应装防护壳，以防铁水或铁渣飞溅堵塞旋转机构。铁水包的后壁也需有防护挡板，以防辐射热伤害工人。

② 浇包检验安全技术

任何手抬式或吊车式的浇包，在移交使用前或其结构部分修理后，均需作质量检验。浇包在使用过程中也须作定期或不定期的检验工作。吊包式的浇包至少每 6 个月检查一次，手抬式浇包每 2 个月检验一次。浇包的检验主要是外观检查与静力试验。

浇包的外观检查：着重检查加固圈、吊包轴、拉杆、吊环以及旋转部分。对于特别重要的或可疑的部位，除用肉眼细心观察外，还须用放大镜检查。检查前须清除浇包金属部分的污垢、锈斑、油泥等。如发现零件上有裂纹、弯曲、螺栓连接不良、铆钉连接松动等均须拆换或修整。

浇包的静力试验：将吊包吊至最小高度，试验负荷为吊包最大工作负荷的125%，试验持续时间为 15min。手抬式浇包的静力试验，其载荷应为最大工作负荷的 150%，试验时间亦为 15min。

浇包的内衬检验：在使用浇包前，应对浇包的内衬情况及干燥情况，作一次全面检查，因为内衬不良或浇包潮湿，则遇到高温金属液体会引起内衬破坏而使包壳烧穿，水瞬时汽化体积猛增 7000 余倍，而导致猛烈爆炸。

③ 浇注操作安全技术

浇包不得盛装过满，一般不得超过内壁高度的 7/8。使用手抬式浇包时每一工人所分担的总重量不得大于 30kg。

人工抬运浇包时通往砂型的主要通道应保证有 2m 宽度，同时往返路线不能重复，以免互相碰撞。吊运时，司机和行车指挥员应遵守行车移动信号，移动时必须平稳。浇注用的工具，如火钳、铁棒、火钩等都要经过预热。

加入到包内的少量金属材料也应事先预热，以免水分引起金属熔液飞溅伤人。在浇注以前应检查砂箱上的压铁是否压牢，螺丝卡是否把住，以免浇注时上砂箱被金属液的浮力抬起而发生跑火事故。

砂箱的高度，包括浇口圈在内如果超过 700mm，就应该挖地坑使砂箱的底部埋入地下，以免浇注时发生危险。浇注地坑砂型时要注意底部的通气孔，并及时把喷出的瓦斯气体引火烧掉，以免发生爆炸和中毒。

地面造型，型砂透气性不好时，在浇注时最易引起型砂爆炸的事故，这种作业一般在铸造大件时采用，但只有在地下水位很深的车间里，方可允许坑式地面造型。从安全要求上，规定地面造型的砂型底部距地下水顶部的最少距离应大于 1.5m，这是防止高温铁水遇潮爆炸的重要措施。

浇注镁合金时，现场严禁存放易燃易爆物品，并需备有相当数量的灭火剂，且应有方便的火灾报警电话。浇剩的金属溶液，要倒入锭模或砂坑内。锭模要经预热，砂坑不能太湿以免发生爆炸事故。

（2）落砂防护措施

① 手工落砂安全技术

采用锤、棒、钩等简单工具，靠人力敲打砂箱和砂型，直到取出铸件为止。手工落砂，必须等到铸件冷至60℃以下才能工作。在操作前必须严格检查工具设备的可靠性，穿戴好高温要求的人身防护用品，以防烫伤。为防止粉尘与余热的浸害，现场必须有良好的抽风设备。

② 机械落砂安全技术

机械化落砂一般采用机械撞击和震动的方法，常用的设备有震动落砂机。机械落砂，噪声很大，对工人的听觉和神经系统有严重影响。须在落砂机旁用隔音物质作成独立的隔音室，以减轻或消除噪声的干扰。此外，应加强个人防护，如工作时戴耳塞等。机械落砂，现场粉尘很大，如吸入过多容易得矽肺病，必须有良好的抽风装置。

（3）清理防护措施

① 手工清理安全技术

手工清理一般用扁铲、钢丝刷、风铲、手提式砂轮机等工具进行。这方面的安全要求如下：工作前应检查、清理工具，锤把要牢固，扁铲与锤头不得有毛刺，风带接头应绑牢。大型铸件翻转清理时应使用吊车，使用手提式砂轮机磨削浇冒口及飞边、毛刺时，极容易发生外伤事故。操作精力要集中，双手用力均匀、协调。砂轮在使用中容易发生碎裂飞出，应按专门规定，检验砂轮是否完好无裂纹。修整打磨镁合金铸件时，要特别注意打磨间合金粉尘的燃烧和爆炸，打磨间必须有良好的通风装置。

② 机械清理安全技术

按照使用设备的工作原理，机械清理方法可分为以下几种：

利用摩擦清理：依靠铸件与铸件，铸件与其他附加物之间的摩擦来清理铸件表面。

利用喷射清理：用压缩空气将磨料(石英砂或铁丸)高速喷射到铸件表面，借磨料的冲击作用进行清理。

利用抛射清理：利用抛丸器将铁丸抛向铸件表面，借铁丸的冲击作用进行清理。

（4）其他先进工艺

① 水爆清砂

将具有一定温度的，有砂芯的金属铸件浸入水中，通过渗水、汽化、增压、爆炸，把铸件内的的芯砂爆炸出来的清砂方法叫水爆清砂。水爆清砂有许多优点：防尘效果好，消除了干法作业时的矽尘飞扬现象，清砂效率高，降低了作业区温度，改善了劳动条件，提高了铸件的表面质量，设备简单，投资少。

② 水力清砂

水力清砂是利用高压($1000\sim1600N/cm^2$)水的喷射，来清理铸件表面和脱出型芯的铸件内腔的一种先进技艺。从生产与安全的观点来看，它具有很多优点：主要是清理铸件速度快，效率高、无粉尘、无噪声、操作简单、劳动强度低。

3 无机非金属材料加工安全

无机非金属材料这个名称是从传统上的“窑业材料”“硅酸盐材料”逐渐演变而来的。在历史上，陶瓷是这类材料的早期代表，而传统意义上的硅酸盐材料是因其主导产品中含有硅酸盐矿物而得名。但是，现在这个领域已经大大拓宽，具体来说：现代的无机非金属材料已经从硅酸盐领域扩展到氮化物、碲化物、硫化物、卤化物、硼化物、碳化物、硒化物、氧化物、碲酸盐、矾酸盐、硅酸盐、磷酸盐、铝酸盐、铂酸盐、硼酸盐、钴酸盐、碳酸盐、锑酸盐、钨酸盐、锗酸盐等领域。它与高分子材料、金属材料并列为三大基础材料。除了这三种基础材料以外，材料的另一个重要分支就是基于这三大基础材料而发展迅速的复合材料。

从微观上来说，无机非金属材料通常是通过离子键、共价键或离子-共价混合键构成。材料需要通过人们的制备与加工来成为对人类有用的物质，在无机非金属材料制备过程中，由于上述三种化合键又有很高的键能、键强，于是破坏原有化合键而整合成新的化合键就需要很大的能量，这里所需的能量往往是由热量与较高的温度位(即高温)来供给与保障。所以，无机非金属材料的特点之一就是：绝大多数无机非金属材料产品的制备与生产过程都要经过高温阶段(即需要热制备过程)。基于这一点，我国最早将这类材料称为窑业材料，后称为陶业材料或陶瓷材料，其后因其主要产品中含有硅酸盐矿物而将其称为硅酸盐材料，再以后，随着其领域的拓宽，人们才将这一大类材料称之为无机非金属材料。从“窑业材料”到“硅酸盐材料”，再到“无机非金属材料”是我国科技工作者对于此类材料认识的几次飞跃，但欧、美等国家习惯上仍沿用广义陶瓷的概念来表示我们所称谓的无机非金属材料，它属于无机材料的范畴。在无机材料中，由于金属材料单独为一个材料体系，于是有人干脆将“无机非金属材料”简称为无机材料。

3.1 无机非金属材料成型加工过程的共性与个性

(1) 原料

无机非金属材料生产是以铝硅酸盐(黏土、长石等)原料、硅质(石英砂等)原料、石灰质原料、铝质原料等为主。主要提供 CaO、SiO_2、Al_2O_3 等。但对于不同的材料，其化学组成是不同的。因此，对原料及其品位的要求也不尽相同。

(2) 原料的破碎

无机非金属材料生产所用的主要原料，绝大多数是质地坚硬的大块状物料。为了均化、烘干、配料等工艺过程的需要进行破碎。

（3）粉体制备

粉体制备对大多数无机非金属材料来说是必要的加工环节之一。粉体具有较高的比表面积、一定的形状及一定范围的颗粒级配，同时在粉体制备过程中，物料得到进一步均化，这些因素对产品的产量、质量有着极为重要的影响。陶瓷配合料、水泥生料及水泥制成均需要制备粉体。陶瓷通常采用湿法制备粉体（泥浆）；水泥生料既有湿法又有干法，玻璃则必须采用干法制备。

（4）成型

无机非金属材料产品由于使用、进一步加工等过程的需要，成型是生产的环节之一。但成型过程在生产中的顺序却不尽相同。陶瓷的成型是在高温热加工之前，玻璃的成型是在高温热加工之后，而水泥的成型除立窑之外在热加工之前不须成型，其成型过程主要在使用时，如加工混凝土制品等。

（5）烘干

烘干是为了除去物料或坯体中一定量的自由水。由于有些如黏土、砂等天然原料常含有水分，有时为了粉碎、均化、混合又常常要往原料中加水制成浆体，由于下一步工序的需要，这些原材料和浆体都要脱水或烘干。水泥生产在粉体制备前，黏土、混合材等需要烘干。陶瓷成型后的坯体必须经过干燥，才能进入烧成。

（6）高温热处理

无机非金属材料工业所用原料具有很好的稳定性和耐高温性，它们相互反应生成新的物质或使其形成熔融体，必须在较高的温度下进行（一般都在1000℃以上），因此，大部分无机非金属材料生产都需要高温热处理，而此过程又是整个生产过程中的核心。无机非金属材料的高温热处理一般是在用耐火材料砌筑的窑炉中进行。但不同产品的加热方式、方法和目的有所不同。水泥是通过煅烧使水泥中的有效组分之间发生化学反应，合成水泥熟料矿物；玻璃是通过熔融而获得无气泡结石的均一熔体；陶瓷的烧结是让黏土分解、长石熔化和其他组分生成新的矿物和液相，最后形成坚硬的烧结体。

3.2 无机非金属材料成型加工设备和安全技术

无机非金属材料的加工设备主要包括粉体的粉磨设备，如粉体的破碎、研磨设备；胚体的成型设备，如注浆成型、压制成型、粉末注塑成型、玻璃的成型等设备；高温烧结设备，如热工设备等。

3.2.1 无机非金属材料粉体的粉磨设备

物料的粉磨主要是为后续工艺过程作准备，最终有利于固相反应的进行。粉磨机械按结构和工作原理不同，一般分为以下几种类型，如图3.1所示。

（1）球磨机［图3.1（a）］物料与研磨体在旋转着的筒体中，由于研磨体被筒体带到一定高度抛落，因而能将物料击碎和磨碎。

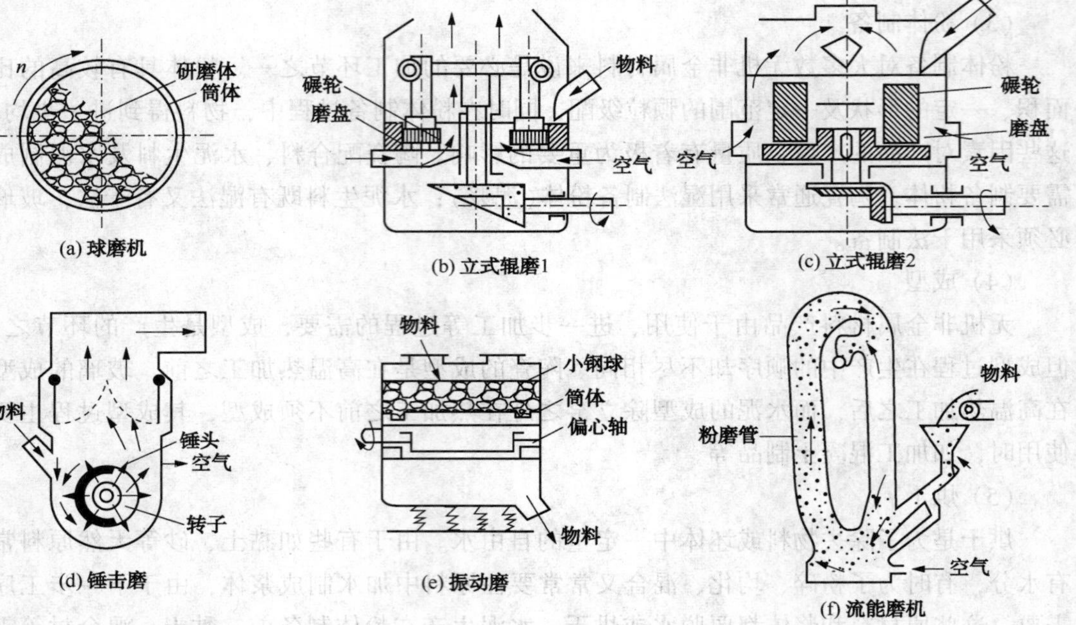

图 3.1 粉磨机的类型

(2) 立式辊磨[图 3.1(b)，图 3.1(c)]物料在磨盘(或圆环)和在磨盘上的碾轮(摆轮)之间，靠反复磨剥和挤压方式使物料被磨碎，并由下面吹入的热空气将细粉带走。

(3) 锤击磨[图 3.1(d)]物料被安装在转子上的高速旋转的锤头击碎，同时物料颗粒间也互相撞击磨碎。并由下面吹入的热空气将细粉带走。

(4) 振动磨[图 3.1(e)]物料与小钢球在筒体中，筒体由偏心轴的旋转而发生高频率(1000~3000 次/分)的循环振动，物料受到小钢球的多次短促的撞击击碎和磨碎而被磨细。它用来细磨和超细磨物料，产品细度可达到 0.02~0.004mm。

(5) 流能磨机[图 3.1(f)]物料在粉磨管中，被高速气流(100~180m/s)带动，由于物料颗粒的互相撞击磨碎以及物料与粉磨管的管壁发生摩擦而被磨碎。

3.2.1.1 球磨机

(1) 球磨机的工作原理

物料经过破碎设备破碎后的粒度大多在 20mm 左右，如要达到生产工艺要求的细度，还必须经过粉磨设备的磨细。粉磨是许多工业生产中的一个重要过程，其中使用面广、使用量大的一种粉磨机械是球磨机。它在水泥生产中用来粉磨生料、燃料及水泥。陶瓷和耐火材料等工厂也用球磨机来粉碎原料。

球磨机的主体是由钢板卷制而成的回转筒体，筒体两端装有带空心轴的端盖，筒体内壁装有衬板，磨内装有不同规格的研磨体。

当磨机回转时，研磨体由于离心力的作用贴附在筒体衬板表面，随筒体一起回转；被带到一定高度时，由于其本身的重力作用，像抛射体一样落下，冲击筒体内的物料。在磨

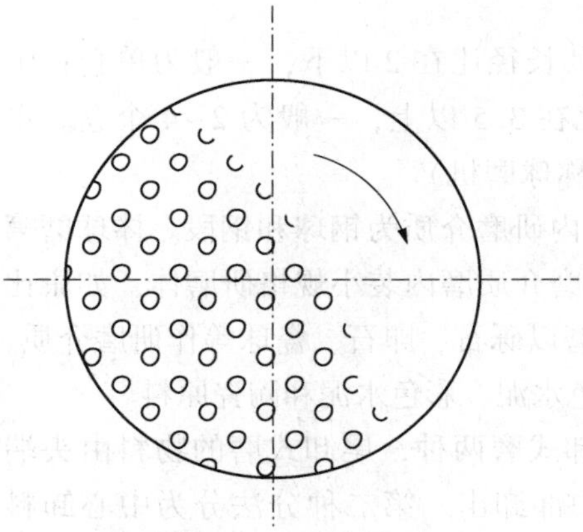

图 3.2 磨机的工作原理

机回转过程中，研磨体还以滑动和滚动研磨衬板与研磨体间及相邻研磨体间的物料，如图 3.2 所示。

在磨机回转过程中，由于磨头不断地强制喂料，而物料又随着筒体一起回转运动，形成物料向前挤压；再借进料端和出料端之间物料本身的料面高度差，加上磨尾不断抽风，尽管磨体水平放置，物料也能不断地向出料端移动，直至排出磨外。

当磨机以不同转速回转时，筒体内的研磨体可能出现三种基本情况，如图 3.3 所示；图 3.3(a)表示转速太快，研磨体与物料贴附在筒体上一道回转，称为“周转状态”，研磨体对物料起不到冲击和研磨作用；图 3.3(b)表示转速太慢，不足以将研磨体带到一定高度，研磨体下落的能量不大，称为“倾泻状态”，研磨体对物料的冲击和研磨作用不大；图 3.3(c)表示转速比较适中，研磨体提升到一定高度后抛落下来，称为“抛落状态”，研磨体对物料有较大的冲击和研磨作用，粉磨效果较好。

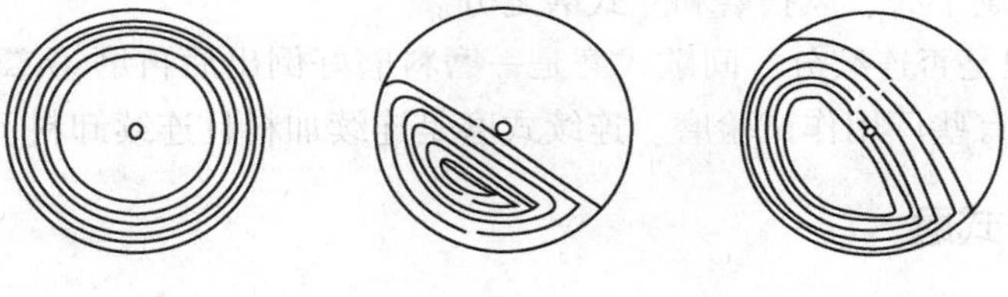

图 3.3 磨机转速不同时研磨体的运动状态

实际上，研磨体的运动状态是很复杂的，有贴附在磨机筒壁上的运动；有沿筒壁和研磨体层向下的滑动；有类似抛射体的抛落运动及滚动等。

(2) 球磨机的特点

球磨机的主要优点包括：

① 对物料物理性质波动的适应性较强，能连续生产，且生产能力较大。便于大型化，可满足现代化企业大规模生产的需要。

② 粉碎比大，达 300 甚至可达 1000 以上，产品细度、颗粒级配易于调节，颗粒形貌近似球形，有利于生料煅烧及水泥的水化、硬化。

③ 可干法作业，也可湿法作业，还可烘干和粉磨同时进行。粉磨的同时对物料有混合、搅拌、均化作用。

④ 结构简单，运转率高，可负压操作，密封性良好，维护管理简单，操作可靠。

球磨机也存在一些缺点：

① 粉磨效率低，电能有效利用率低，只有 2%~3%。电耗高，约占全厂总电耗的 2/3。生产 1t 水泥的综合电耗约为 90~110kW·h。研磨体和衬板的消耗最大。

② 设备笨重，总重可达几百吨，一次性投资大。噪声大，并有较强振动。

③ 转速低(一般为 15~30r/min)，因而需配减速设备。

(3) 球磨机的分类

① 按筒体的长度与直径之比分：短磨又称球磨，其长径比在 2 以下，一般为单仓；中长磨的长径比在 2~3.5，一般为 2 个仓；长磨的长径比在 3.5 以上，一般为 2~4 个仓。水泥厂使用的磨机多为中长磨和长磨，统称管磨机(也俗称球磨机)。

② 按磨内装入研磨介质的形状和材质分：球磨机磨内研磨介质为钢球和钢段。棒球磨第一仓装钢段，其余仓装钢球(也有的尾仓装钢段)。小研磨介质磨内装小规格研磨体，如康比丹磨。我国某设计院开发的高细磨也属于这种磨。砾石磨以砾石、卵石、瓷球等作研磨介质，以花岗岩、瓷料、橡胶为衬板的磨机。一般用于粉磨白色水泥、彩色水泥和陶瓷原料。

③ 按卸料方式分：第一种分法分为尾卸式磨和中卸式磨两种，尾卸式磨的物料由头端喂入、从尾端卸出；中卸式磨的物料由两端喂入、由中部卸出。第二种分法分为中心卸料式磨和周边卸料式磨两种。

④ 按传动方式分：中心传动磨以电动机(通过减速机)带动磨机卸料端的空心轴，使磨体回转；边缘传动磨电动机通过减速机带动固定于筒体卸料端的大齿轮驱动筒体回转。

⑤ 按生产方法分：干法磨喂入干料，产品为干粉。湿法磨喂料时加入适量的水，产品为料浆。烘干磨喂入潮湿的物料，在粉磨过程中用外部供给的热气流烘干物料，这种磨有尾卸烘干磨、中卸烘干磨、风扫磨和立式磨之分。

⑥ 按生产过程是否连续分：间歇式磨是一磨料磨好倒出后再磨第二磨。陶瓷厂及耐火材料厂多用此磨。有些厂用作试验磨。连续式磨是连续加料且连续卸料。

3.2.1.2 立式磨

(1) 立式磨的构造与工作原理

立式磨主要由底座、磨盘、磨辊、加压装置、上下壳体、选粉机、密封进料装置、润滑装置、传动电动机和减速装置等组成，以 MPS 磨为例，如图 3.4 所示。

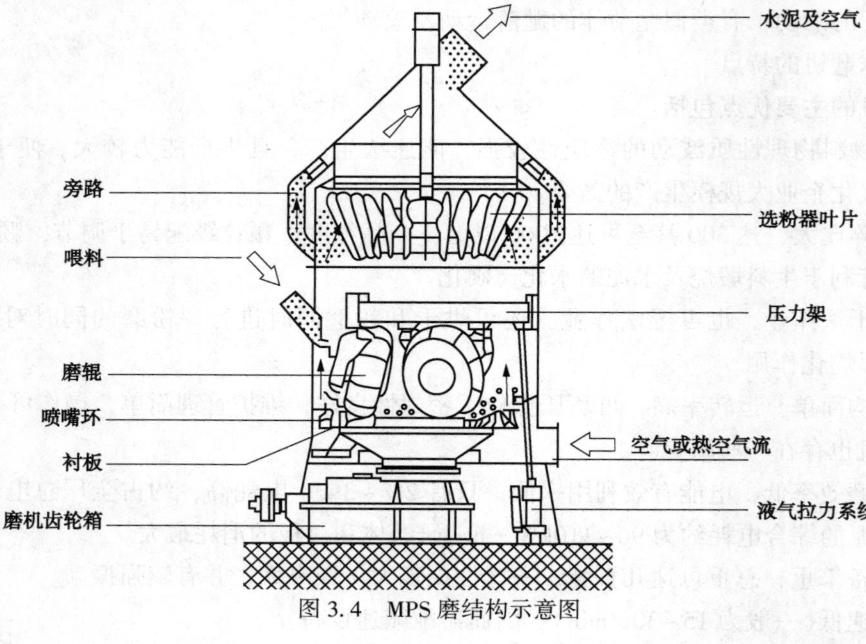

图 3.4　MPS 磨结构示意图

立式磨是根据料床粉磨原理来粉磨物料的机械，磨内装有分级机构而构成闭路循环，加压机构提供粉磨力，同时也借助磨辊与磨盘运动速度差异产生的剪切研磨力来粉碎、研磨料床上的物料。

现以莱歇磨为例对其工作原理进行说明(图 3.5)。

电动机通过减速机带动磨盘转动，物料经三道锁风阀门、下料溜子进入磨内堆积在磨盘中间，磨盘转动产生的离心力使其移向磨盘周边，进入磨辊和磨盘件的辊道内。磨辊在液压装置和加压机构的作用下，向辊道内的物料施加压力。物料在辊道内碾压后，向磨盘边缘移动，直至从磨盘边缘的挡料圈上溢出。

与此同时，来自风环由下而上的热气流对含水物料进行悬浮烘干，并将磨碎后物料带至磨机上部的动态分离器中进行分选，粗粉重新返回磨盘与喂入的物料一起再粉磨，合格的成品随气流带出机外被收集作为成品。由于风环处气流速度很高，因此传热速率快，小颗粒瞬时得到干燥，大颗粒表面被烘干，在返回重新粉碎的过程中得到进一步干燥。特别难磨的料块以及意外入磨的金属件将穿过风环沉落，并通过刮料板和出渣口排出磨外。

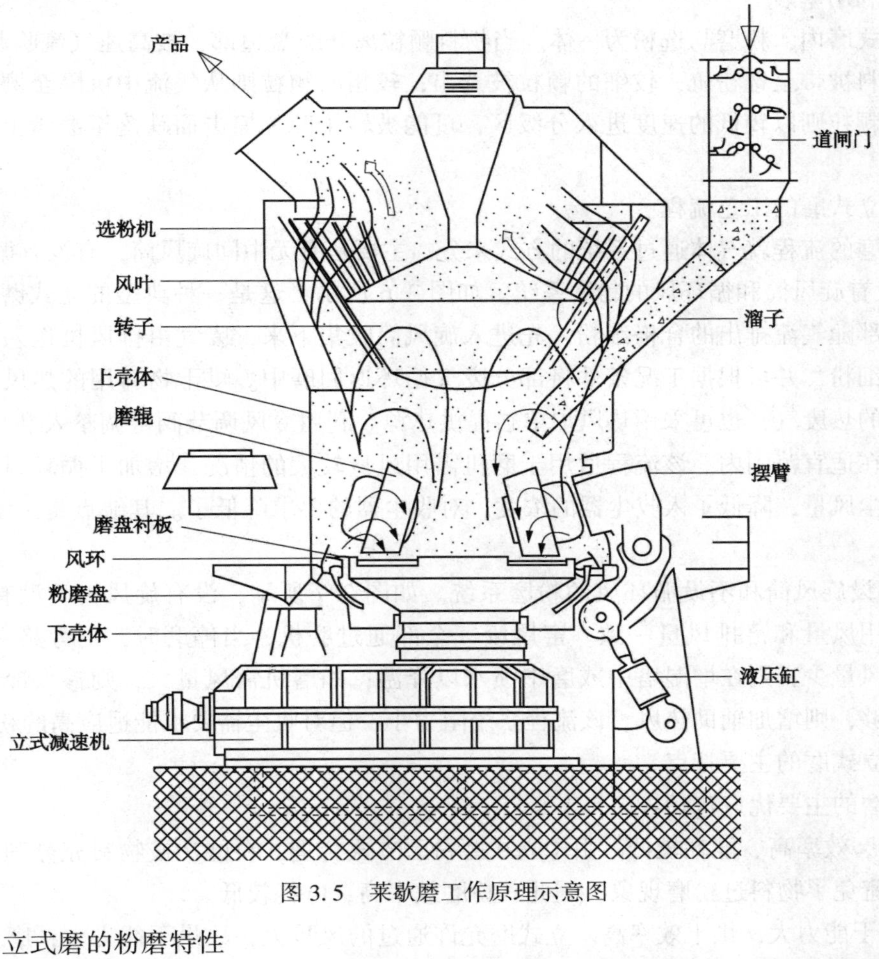

图 3.5　莱歇磨工作原理示意图

(2) 立式磨的粉磨特性

从立式磨的工作原理可知，立式磨必须保持磨辊与磨盘对物料层产生足够大的粉磨压力，使物料受到碾压而粉碎。粉磨压力亦即辊压力，它与物料易磨性、水分、要求产量、磨内风速以及立式磨形式和规格等因素有关。易磨和水分小的物料，以及要求产量低时，辊压力就可以小些，辊压力依赖液压系统对加压装置（拉杆）施加的压力和磨辊自重产生，并可在操作中加以调整，此外，磨盘上的物料层必须具有足够的稳定性和保持一定的料层高度。当辊压力增加到或超过某些物料的抗折强度时，物料即被压碎。其他颗粒的物料接着被连续不断地碾压使粒度减小，直至细颗粒被挤出磨盘而溢出。

立式磨的粉磨效率不但与辊压力有关，也与料层的高度有关。必须保持磨辊与磨盘之间有足够多的与物料接触的接触面。并且要保持一定的物料层高度，使物料承受的辊压力保持不变。对于形成稳定料层较困难的物料，必须采取措施加以控制。如对于干燥物料或细粉较多的物料，在磨盘上极易流动，料层不稳定，所以有的要采取喷水增湿的方法来稳定料层，也可通过自动调整辊压力来适应不稳定的料层变化。

立式磨是一种烘干兼粉磨的风扫型磨机，机体内腔较大，允许通过较大的气流，使磨内细颗粒物料处于悬浮状态，大大增加了气流与物料的接触面积，因此烘干效率较高。另外，立式磨与干法水泥窑配套使用，可充分利用预热器排出的热废气通入磨内烘干物料，提高了热利用率。

在立式磨内，粉磨与选粉为一体。当物料颗粒离开磨盘边部，被高速气流吹起而上升。细颗粒物料被带至选粉机，较细的颗粒被选出，较粗的颗粒则从气流中沉降至磨盘上，也有部分粗颗粒则以较低的速度进入分级区，可能被转子叶片撞击而跌落至磨盘上，形成循环粉磨。

（3）立式磨的工艺流程

立式磨的流程就气体通过系统的方式来分，主要是有无中间旋风筒，有没有循环风。

① 设有旋风筒和循环风的粉磨系统。如图 3.6 所示，这是一种典型的立式磨系统。从立式磨顶部随气流排出的合格细粉，先进入旋风筒收集下来，废气由排风机送入收尘器收下剩余的细粉，并可根据工况条件将部分废气循环返回磨中。烘干物料用的热风可采用水泥窑系统的热废气，也可采用热风炉单独提供热源。利用冷风调节阀可调整入磨热风温度，使其保持在适宜范围内。该流程适用于磨机需用风量较大的情况，增加了循环风，其优点是减少收尘风量，降低了入收尘器的浓度，对收尘器的要求降低了。其缺点是系统较复杂，阻力增加。

② 不设旋风筒和不设循环风的粉磨系统。如图 3.7 所示，没有旋风筒，没有循环风，要求磨机用风量和窑排风量一致。窑尾废气全部通过磨机，当停磨时，则旁路入电收尘。如磨机需风量少，则在增湿塔中或磨中喷水以降温；如磨机需风量大，则掺人冷风。如烘干热量不够，则增加辅助热风。该流程系统阻力小，但对收尘器要求能适应高的粉尘浓度。

（4）立式磨的主要特点

立式磨的主要优点包括：

① 粉磨效率高、能耗较低。由于立式磨粉磨方式合理，粉磨功被物料充分利用，且分级及时，避免了物料过粉磨现象，因此其粉磨效率高，电耗较低。

② 烘干能力大，烘干效率高。立式磨允许通过的风量大，故烘干能力大；磨内物料处于悬浮状态，增大了物料与气流的接触面积，热交换条件好，故烘干效率高。

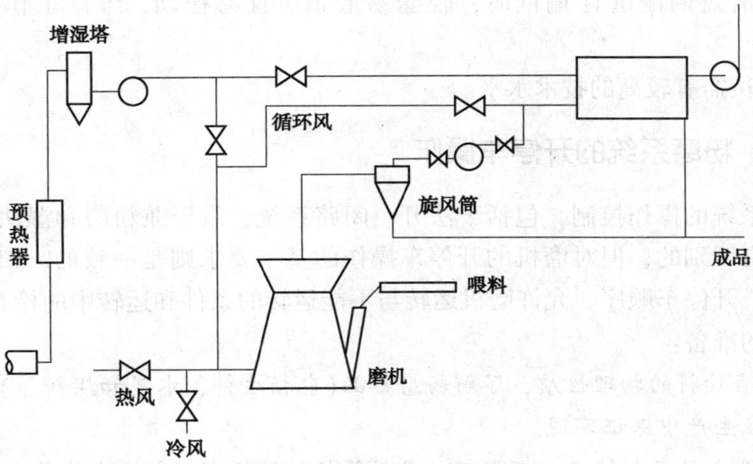

图 3.6　设有旋风筒和循环风的粉磨系统

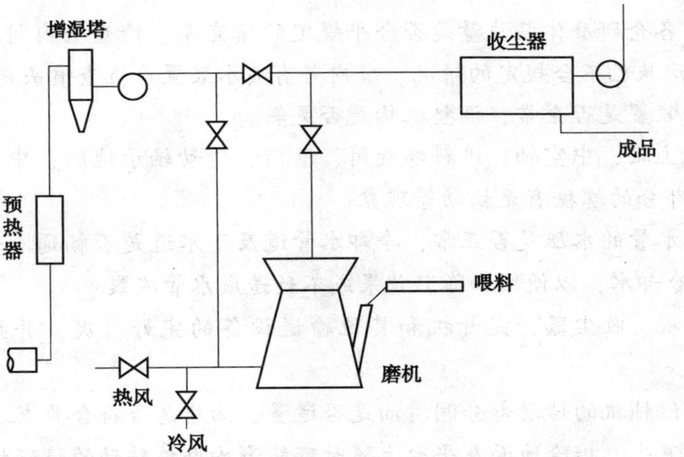

图 3.7　不设旋风筒和不设循环风的粉磨系统

③ 入磨物料的粒度可以放宽，能够粉磨较粗的物料，一般可达磨辊直径的 4%~5%，大型磨的允许入料粒度达 100~150mm。

④ 成品细度调节方便，成品颗粒级配较合理，产品粒度均齐。

⑤ 系统紧凑，基建投资低。

⑥ 噪声小，扬尘少，有利于环境保护。立式磨作业时没有研磨体之间和研磨体与衬板之间的撞击，故噪声较低；立式磨的粉磨及管道系统比较简单，密封较好，多为负压操作，因此扬尘较少。

⑦ 有利于设备大型化。

⑧ 磨耗较低，运转中没有金属间的直接接触，故金属消耗量少。

立式磨的缺点包括：

① 不适宜于粉磨磨蚀性大的物料；否则，不仅辊套和磨盘衬板磨耗大，而且产、质量均下降。

② 辊套和磨盘的耐磨性偏低时，辊套易磨损。且易松动，维修工作量大，运转率下降。

③ 操作人员需有较高的技术水平。

3.2.1.3 粉磨系统的开停车操作

各种磨机系统的操作控制，包括干法开、闭路系统、烘干兼粉磨和湿法开、闭路系统的操作控制是有区别的，但对磨机的开停车操作的基本要求则是一致的，归纳起来，分为开车前的准备、开停车顺序、允许磨机运转与不能运转的条件和运转中的检查工作。

开停车前的准备：

① 掌握入磨物料的物理性质，了解粉磨产品(包括生料、水泥和煤粉等)的各项计划指标要求，以便在生产中保证实现。

② 查看磨头仓的备料情况，石灰石、熟料等物料必须有一定库存储量，一般应满足4h以上的生产需要，其他辅助物料也应根据配料和生产情况适量准备。要注意避免在磨机运转中造成断料而影响生产。

③ 检查磨内各仓研磨体装载量是否合乎规定的填充率。检查磨内衬板、隔仓板和出口篦板有无破损或形状已不合规定的情况。磨内若有喷水装置应检查喷头是否完整无缺。

④ 检查喂料装置是否企常，调整机构是否灵敏。

⑤ 检查磨机主轴、中空轴、进料螺旋筒、磨门、传动轴承地脚、中空轴承地脚以及大齿轮对口连接各部分的螺栓有无松动等现象。

⑥ 检查入磨水管的水压是否正常，冷却水管道及下水道是否畅通。如遇小修或短时停磨，都不宜关闭冷却水，以便增加降温效果或不致造成水管冻裂。

⑦ 检查选粉机、收尘器、提升机和其他输送设备的完好情况，并经单机试车，保持完好。

⑧ 磨机及其他辅机的传动部分润滑油是否适量，油质是否符合要求。

⑨ 注意环境卫生。排除地面及平台上随时可能影响磨机转动的障碍物。

⑩ 磨机及其辅机的安全装置以及所有安全联系信号装置必须完整良好。开车时，要特别注意磨机附近严禁站人。及时与上、下工序取得联系，以便提前做好准备工作，保证磨机启动的顺利进行。

(1) 开车操作

正常的开车顺序是逆流程开机，即从进成品库的最后一道输送设备起顺序向前开，直至开动磨机后再开喂料机，在开动每一台设备时，必须等前一台设备运转正常后，再开下一台设备，以防止发生事故。

开车前的准备工作完毕并确认无误后方可开车，磨机启动前，先启动减速机和主轴承的润滑油泵及其他润滑系统。采用静压轴承的磨机，待主轴承油泵压力由零增加到最大值，又回到稳定压力(一般为1.5~2.0MPa)时表明静压润滑的最小油膜已经形成，可以开启磨机主电动机(若设有辅助传动装置，应先开动辅助传动装置，10s后方可开主传动装置)。所有设备启动后情况正常便可进行喂料。采用磨体淋水的磨机，此时可开始供水，并注意应由少而逐步增加至正常淋水量。

采用自动控制喂料的磨机，由喂料程序控制可以保证磨机的喂料量进行均匀地、按一定程序逐步加大，实现最优操作。控制办法是，在磨机启动后，检测出它的负荷值，用计算机按一定数学模型运算处理，向喂料调节器送出喉料量的目标值，使之逐步增大喂料量，直至磨机已进入正常负荷状态为止。

(2) 停车操作

磨机正常情况下的停车顺序与开车顺序相反，即先开的设备后停，后开的设备先停，应注意的是当磨机停车后，磨机后面的输送设备一般应继续运转，直至把其中的物料送完后再停，防止机内因积存物料，在下次开机时启动困难或不便于检修。若是为了更换衬板、隔仓板和更换研磨体而长期停磨时，应先停喂料机而磨机仍继续运10min，待磨内物料尽可能排空后再停磨机。停磨操作还应注意以下事项：

① 干法磨机应关闭主轴承内的水冷却系统。在冬季还应放尽主轴承内的水，以防主轴承和管道内的水结冰，致使主轴承和管道开裂。

② 静压轴承磨停车后，高压油泵还应运行4h，使主轴承在磨体冷却过程中仍处于良好的“悬浮”状态，不致擦伤轴承表面。

③ 设有辅助传动装置的磨机，在停磨初期，每隔一定时间，应启动辅助电机一次，使磨机在0.17~0.20r/min转速下运转一段时间，以防筒体变形；没有辅助传动装置的磨机应将磨内研磨体倒出，或用千斤顶顶住磨机筒体，以防止筒体被压弯。

④ 若因检修需要停车，应启动辅助传动装置，慢速转动磨体，当辅助电机电流基本达最低值，即球载重心基本处于最低位置时，一次把磨机、磨门停于要求的位置，以免频繁启动磨机。

⑤ 若是有计划的长期停车，停车后，按启动前的检查项目检查设备各部位，还应检查磨内衬板、隔仓板、出料篦板是否损坏变形，篦缝是否合格，是否堵塞(特别是倒磨后)。若是临时停车，着重检查运转过程中无法检查的部位，如联轴节螺栓、胶块、胶圈、胶带及减速机油量。

3.2.1.4 职业危害

(1) 压伤、击伤

粉磨操作过程中，最易产生的危害是高速粉磨时，因误操作导致的人员被旋风卡住或固定工件飞出，从而导致人员受到伤害。

(2) 尘肺

制造陶瓷的主要原料是：黏土、石英、长石——它们都是二氧化硅的不同形态。从矿石开采、粉碎、碾磨等工序，工人都会接触大量粉尘。因此，如果不做好防尘措施，长期接触者容易患上尘肺病。

尘肺，顾名思义，就是肺部积聚灰尘导致的疾病。尘肺病是陶瓷行业最常见的职业病，也是一种可怕的职业病，目前没有药物可以根治；还会随着时间的推移慢慢恶化、加重，对肺功能造成损伤。如果不幸患上尘肺，只能通过药物治疗来控制病情，改善症状。

值得注意的是，一些陶瓷企业较集中地区，如果没有做好防尘工作，粉尘还会扩散到周边地区，使得空气质量变差，给居民生活带来不便，甚至对人们的健康造成不利影响，轻者身体不适，重者还可能患上呼吸系统疾病。

(3) 高温中暑

由于粉磨车间温度较高，在这种条件下，工人有时会出现高温中暑现象。轻度的中暑常出现大量出汗、口干舌燥、全身无力、头晕目眩、注意力不集中等症状。严重时会发生恶心呕吐、血压下降、脉搏细弱而快，甚至出现昏倒或痉挛等情况。

(4) 噪声危害

对各种粉磨车间的工作人员，噪声是普遍性的职业性危害。

(5) 皮肤过敏

因为粉磨的粉体有时会有腐蚀性，不同体质的人就可能产生不同的反应，有些人就可能产生皮肤过敏。

3.2.1.5 防护措施

(1) 安全操作规程

在粉磨操作过程中，磨机操作人员应该按照工艺管理规程、磨机各岗位操作法、自动控制手册和安全规程，认真地进行操作和维护好设备，保证设备安全运转，避免和杜绝任何事故。

(2) 安全管理措施

工作前，应穿戴好规定的防护用品，口罩和手套。磨机运转过程中，严禁清理、修理设备，更不得将手或头伸入靠近观察。噪声较大时，应安排短时间的工间休息。这些都可以有效的避免危险的产生。

(3) 一些有效的防护措施

① 预防粉尘危害，采取有效的防尘措施非常重要。粉磨中，尽量采用湿式作业；不能采用湿式作业的工序，则采用机械自动操作，或在密闭的环境下处理原料，以减少粉尘扩散。运输、储藏时，采用自动装载、机械联动运输，减少人员接触。粉磨时，采用机械联动作业，避免人工操作和接触粉尘；如果必须人工操作机器，应建立操作室，而减少与粉尘接触。除了做好上述的防护措施外，还应该保持作业环境良好的通风。在粉尘区工作的人员，喝水的杯子要集中放在不会被粉尘污染的地方，避免水杯落入粉尘而连同水一起喝入体内。所有接触到粉尘的作业人员，都必须佩戴防尘口罩。接触粉尘的人员，下班后要养成洗手的习惯。工作服、工作帽应放在工作区，不要带到生活区。接触粉尘的人员，用人单位应该按国家规定安排上岗前、在岗期间以及离岗前的健康体检，了解工人的身体状况，确保工人免遭粉尘的伤害。

② 噪声的防范措施：在产生噪声的车间，应采用隔音板、隔音室，或者安装吸音材料，以降低噪声。此外还可选购低噪声设备，或安装吸收噪声装置。接触噪声的工友，应佩戴防噪声耳塞、耳罩等。

3.2.2 无机非金属材料粉体的成型设备

坯体成型是陶瓷制造工艺过程中主要工序之一。将已加工好的坯料用某种方法制成一定形状和尺寸坯体的过程称为成型。

成型方法随着制品的种类、形状和尺寸、生产规模、原料的制备方法和性能、技术水平等的不同是多种多样的。总括现代陶瓷工业所应用和探索的方法，坯料性能和含水量的不同，陶瓷的成型方法可分为四类：注浆成型法、塑性成型法、干压成型法和特种成型法。

塑性成型法是利用适量水分(20%~28%)的坯料，在外力作用下产生塑性变形而制成坯体的方法。常用的塑性成型机械包括古老的惯性转盘到辘轳、旋坯机、滚压成型机、挤坯机等，塑性成型法在日用陶瓷、电瓷等工业中广为应用。

注浆成型法是将泥浆(含水30%~40%)注入具有很强吸水能力的模型内，利用模壁的吸水，在模腔内壁形成一定厚度的湿泥坯而形成毛坯的方法。它能得到各种复杂形状的制品。常用的注浆机械包括泥浆输送、泥浆的真空处理、注浆机等。注浆成型法在日用陶瓷、美术陶瓷、卫生洁具陶瓷等工业中广为应用。

干压成型法是利用低水分的粉料(含水11%~14%)颗粒坯料，喂入模型内施以很高的压力而压制成型的方法。常用的干压成型机械有各种机械式、摩擦式、液压式的压力成型机。干压成型法在建筑工业的墙地砖、耐火材料工业的制砖及扁平的日用制品(如盘类)生产中应用广泛。

3.2.2.1 注浆成型机械

注浆成型能成型一般塑性成型、干压成型等工艺难以得到的复杂及大型的坯体。

注浆成型有实心注浆和空心注浆。实心注浆有型芯，泥浆注入模腔内，没有余浆倒出，拆模取坯时将注浆口切除；空心注浆没有型芯，坯体外形决定于模型内壁，要倒余浆，用于制作空心坯件。

按注浆成型时施加于泥浆的力分为：普通注浆成型、压力注浆成型、离心注浆成型和热压注浆成型。

注浆成型过程包括：泥浆的输送→注浆→倒余浆→刮口→干燥→脱模[坯体干燥→修坯→(接把)→上釉；模型干燥→回模注浆]

国内外在发展机械化注浆成型时，往往将各工序联成半自动化的注浆成型生产线。所谓半自动化，是因为注浆成型有许多工艺，由于结构方面的原因，搞全自动生产线相当复杂或难以达到工艺要求。

(1) 泥浆真空搅拌和真空脱气机械设备

泥浆真空脱气处理的目的是将泥浆中的气体抽出，以改善泥浆的性能和提高注浆坯件的质量。

真空搅拌机密封浆筒内装有搅拌浆叶，由装在上盖的动力传动装置带动，其工作原理同低速搅拌机。图3.8是工作原理图。右浆筒进浆工作时，左浆筒的阀打开输出泥浆，右浆筒的阀f、阀h关闭，阀b、阀d打开，开动真空泵抽气，泥浆经进浆管和阀门d吸入槽内。泥浆液面上升到规定高度时，液面计发出满料信号，由人工或自动装置关闭阀b和阀d，开启阀f和阀h，液面与大气连通，经真空脱气处理的泥浆由输浆管输出，注浆成型当液面降至规定低位时，液面计发出无料信号，于是关闭阀f、阀h，阀b、阀d开启，再次进浆。

浆筒用钢板制成，内壁镶耐蚀衬里。真空度保持在93~96kPa。

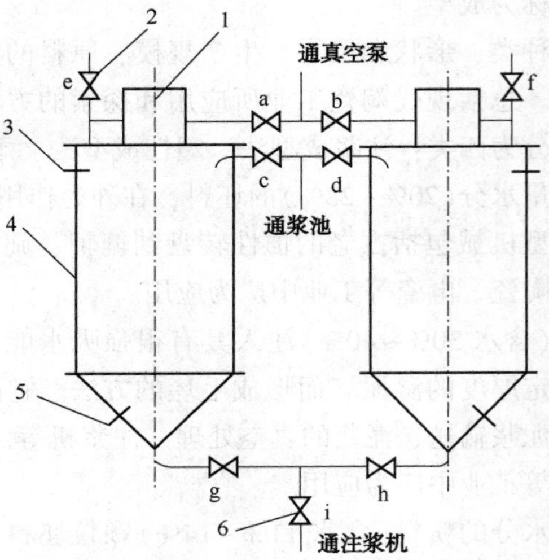

图 3.8　泥浆真空搅拌机原理图

1—搅拌机；2—截止阀(a~i)；3、5—液面计；4—灌浆；6—调节阀

(2) 注浆单机

注浆成型中，对于外形为回转体的产品(如壶类)，依据泥浆性能，有的要离心注浆(石膏模转动)，有的不要离心注浆。对于非旋转体外形的器件，则不用离心注浆。因此，注浆单机分离心注浆机和非离心注浆机两类。

图 3.9 是一种壶类简易离心注浆单机结构原理图。主轴用松紧皮带传动驱动石膏模作间歇转动。注浆阀连同注浆管用凸轮机构驱动沿导路做升降运动。阀门下降时，注浆压盖压在石膏模上并绕注浆管和石膏模一起转动。阀门打开，浆料注入模内；注浆完毕，阀门自动关闭，注浆管系统在弹簧力作用下上升复位。阀门的开闭也是用凸轮机构驱动。注浆管的升降位移量和阀门开启量除调节凸轮机构外，还可调节松紧拉环。泥浆通常由高位泥浆桶供给。为了使喂料均匀，最好带有溢流池，以保持恒定的注浆液柱高度。当取消主轴的旋转运动，即为非离心注浆单机。

一般壶类注浆机的工作参数：生产能力 3~6 件/分；主轴转速 400~500r/min；配电机功率<1kW。

3.2.2.2　可塑成型机械

日用陶瓷的塑性成型生产中，经历了拉坯、单刀旋坯和双刀旋坯，到 20 世纪 50 年代出现滚压成型工艺。手工拉坯成型时不需要模具，靠手工和惯性转盘；旋坯成型最先是靠板刀、模型和带动模型的辘轳机，之后发展成为半自动、自动的单刀或双刀旋坯机；滚压成型用转动的滚压头代替不转动的型刀，相应地制造了各种形式的滚压成型机。拉坯、旋坯、滚压成型各有特点，直至现在，仍各有应用，无法取代。

(1) 滚压成型机

滚压成型是利用滚压头和模型各自绕定轴转动将投放在模型内的塑性泥料延展压制成坯体。滚压成型有两种基本方法，坯体的阳面(使用面)对着模型称阳模成型，又称外成型；

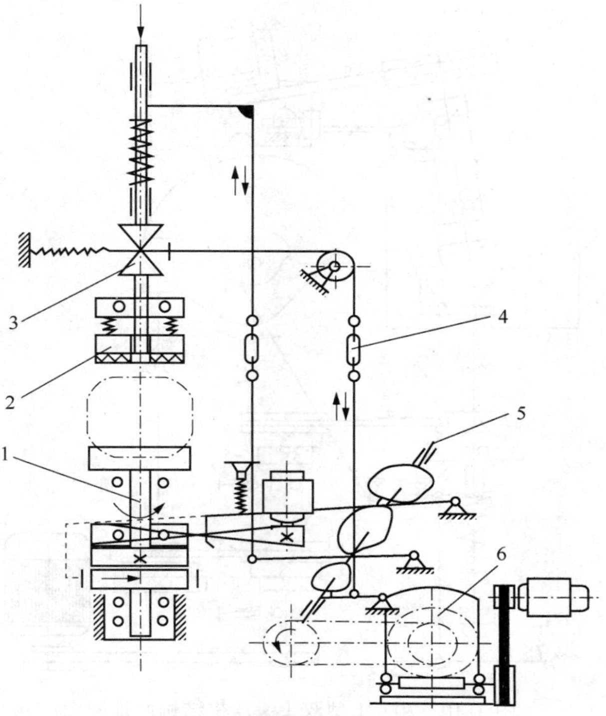

图 3.9　壶类离心注浆单机结构原理图

1—主轴；2—注浆压盖；3—注浆阀；4—拉环；5—凸轮轴；6—传动装置

坯体的阴面(非使用面)对着模型称阴模成型，又称内成型。坯体的外形和尺寸取决于滚压成型方法和滚压头与模面间所形成的“空腔”。通常可成型大小盘、碗、碟及深杯等。实现滚压成型生产通常要完成的动作包括：送模、喂泥、预压或切边、滚压成型、出模坯等，其中最主要的是滚压成型，其他是辅助动作。这些辅助动作如果全部由机器自动充成称为自动滚压成型机，部分完成辅助动作称为半自动滚压成型机。滚压机的规格通常以成型坯体的最大尺寸的毫米数表示，主要机型有 207-1 型滚压机、ϕ310 滚压机、TCS-1 型万能滚压机、GY250 滚压机、TC-23 深杯滚压机、GY-100L 双头深杯滚压机、壶类滚压机以及各种形式的与干燥器配套的专用滚压机。下面以 207-1 型双头滚压机为例介绍其结构原理。如图 3.10 所示为 0207-1 型滚压机结构原理图。工作台是固定的，滚压头系统用铰链支承于机架上，双头交错滚压成型，一上一下，滚头作圆弧运动，主运动由一台 1kW 左右的电机驱动，用三角皮带传动减速带动凸轮轴和主轴。主轴上装设锥形摩擦离合器，由脚踏控制或凸轮自动控制作间歇转动，用三角皮带塔轮传动有级变速。每个滚头由专用小电机经三角皮带带动作定轴转动，滚头在滚头架上可做上下、左右、前后的移动和倾角的调节。此型滚压机是在双头旋坯机的基础上发展的，具有简单、紧凑、通用性强、高产量等特点，主要用于成型小盘、碟、饭碗，我国南方瓷厂较多用。

（2）挤坯机

硅酸盐工业生产中，对管件、棒件、板件、砖瓦等坯体的塑性成型常用挤压法成型。挤压成型的原理是将塑性泥坯置于泥筒内，给予足够大的压力，使泥料从机嘴“流出”获得坯体。挤压成型法在制砖瓦、电瓷、无线电陶瓷等工业中有广泛应用。用于挤压成型的机械是挤坯

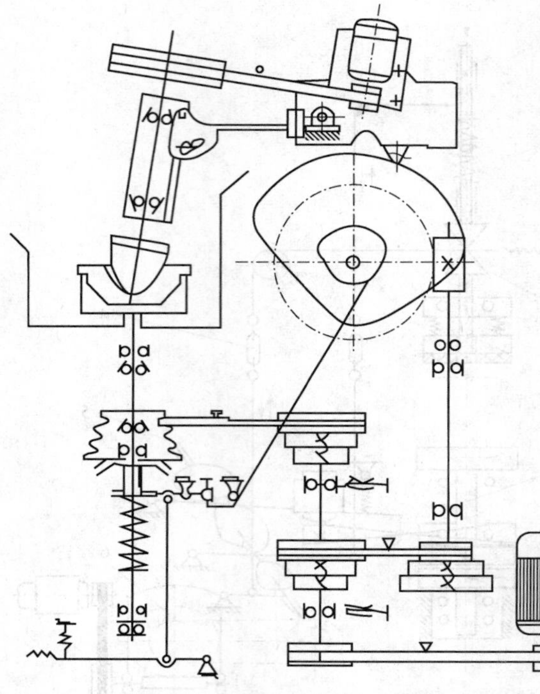

图 3.10　207-1 型双头滚压机结构原理图

机。挤坯机按机嘴的布置形式有卧式(水平式)和立式两种；按挤压机工作件的构造，可分为两大类：螺旋式挤坯机和活塞式挤压机。其原理图分别如图 3.11 和图 3.12 所示。

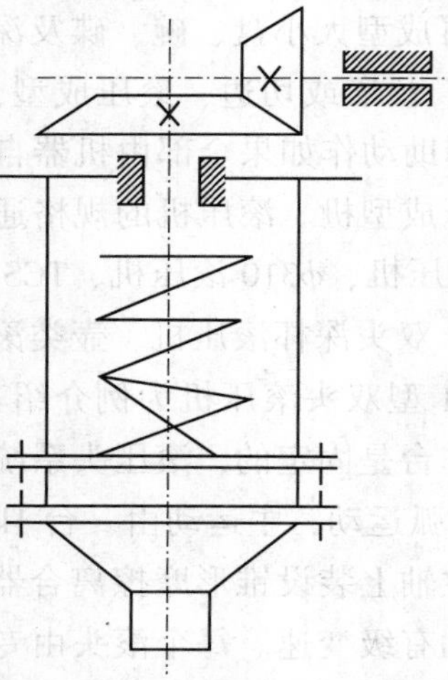

图 3.11　螺旋式(立式)挤压机原理图

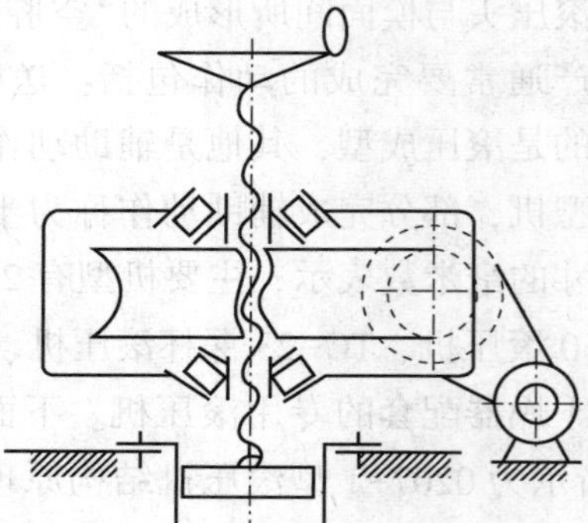

图 3.12　活塞式挤压机原理图

大型的挤压机一般和各式的真空练泥机通用。挤坯机的选用决定于泥料的性质和制品的形状及制品尺寸的大小。例如空心管件必须用立式挤压机，制砖瓦等用水平式挤坯机，坯体的形状尺寸决定于机嘴(模具)。

螺旋式挤压机的特点是可以连续加料和出坯，螺旋叶片的推力大而作用面多，但泥质不均匀。

活塞式挤压机工作是间歇式的，工作效率有所影响，但挤出的泥质均匀，利于产品质量提高。

（3）旋坯成型机

旋坯成型机的种类通常有辘轳机、壶类旋坯机、双刀旋坯机、椭圆盘旋坯机等。在此处我们简单介绍下椭圆盘旋坯机。

在陶瓷工业生产中，对于回转体制品，塑性成型时，通常是型刀或滚头的轴线作相对固定，模型带着泥坯作定向转动。而对于外回转体制品，则除了上述的相对转动外还必须有另外的附加运动，即模型必须作复合运动。

国内外成型非回转体的盘类制品的方法有注浆法、可塑泥料冲击成型法和旋坯成型法等。以下以椭圆盘旋坯成型机为例讲述其结构、性能特点。

椭圆盘旋坯成型机的结构原理如图 3.13 所示。

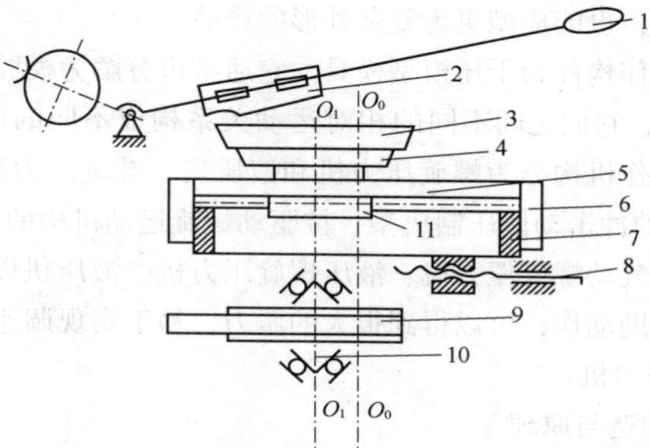

图 3.13　椭圆盘旋坯成型机结构原理图

1—手柄；2—型刀；3—模型；4—托模架；5—滑板；6—靠模板；
7—靠模盘；8—调节螺栓；9—皮带传动；10—主轴；11—滑座

成型机主要由机座、刀架和型刀、动力传动系统、椭圆机构，调节与控制装置等部分组成。型刀是固定的，安装在刀架的适当位置上，可作前后调整移动。刀口形状和所成型坯体的椭圆短半轴截面的截线相同。手柄绕刀架支点摆动，支点可上下移动。

成型时，型刀上的各点将在模型上括切出椭圆曲线，连续的许多点括出的椭圆曲线将组成椭圆面，加上模型边印制的边纹，便成型出椭圆盘。

此种成型机械常用来塑性成型椭圆形平盘和深度不大的椭圆形汤盘。

旋坯成型椭圆盘和注浆成型比较，生产效率高，成本低。但生产中要注意控制两个方面的问题：一是变形，因为旋坯泥料水分较高，又由于器型特点故容易产生扭曲变形和开裂；二是中心部分较“疏松”，容易产生缺陷。

3.2.2.3　压制成型机械

干压成型是将含有一定水分的粉状固体颗粒物料装填在刚性模型内施加压力成型坯体。完成干压成型工艺的机械是各种形式的压力机。

干压法成型所要完成的工序动作通常包括：喂料（将颗粒粉料均匀地加入模型内）→加压成型（按一定的规律施加压力）→顶出（将成型坯体从模型内脱出）→出坯→模型清理等。这些动作全部由机械完成的压力机，称全自动压力成型机；部分或主要由手工操作成型的压力机，称为半自动或手动压力机。

由于干压法成型坯体是用低水分的颗粒料，坯体的干燥周期比塑性成型大为缩短，甚至不需要干燥，可节省大量的生产建筑面积；干燥引起的收缩变形等缺陷小，容易得到较精确的尺寸和规格均匀一致；不需要石膏模；随着现代科技的发展和新技术的引进，干压法成型易于自动造粒（如喷雾干燥制粉）以及自动修坯、装匣等工序联成自动生产线，极大地提高了自动化水平和产量。干压成型在建筑陶瓷工业的地砖、面砖生产，耐火材料生产，电瓷元件生产，粉末冶金生产等方面得到广泛应用，在日用瓷生产中也开始探讨使用。

近年来，随着工艺的更加成熟，等静压成型法使干压法不只应用于成型墙地砖等这些几何形状较简单的产品，也能成型更为复杂外形的产品。

干压成型的主要工作构件为干压模型模具。它通常可分解为模腔、上模（又称凸模、冲头）、下模（又称底模），它们之间不同的相对运动关系构成不同的成型方法。干压成型机械的类型，按其主要工作机构分为螺旋压力机和液压机。螺旋压力机以螺旋机构为工作机构，靠螺旋-飞轮系统的冲击动能压制成型。按驱动螺旋运动机构的不同，又可分为单盘或双盘摩擦螺旋压力机、气动螺旋压力机、液压螺旋压力机。液压机以液压传动为工作机构，产生成型压力和成型辅助动作，可以得到很大的压力，易于实现调速和自动控制。

（1）摩擦（螺旋）压力机

① 摩擦压力机的构造与原理

其构造如图 3.14 所示，由闭式机身、电机—皮带传动—端面摩擦盘传动部分、飞轮-螺旋构件、操纵控制系统、模具和顶出装置等组成。

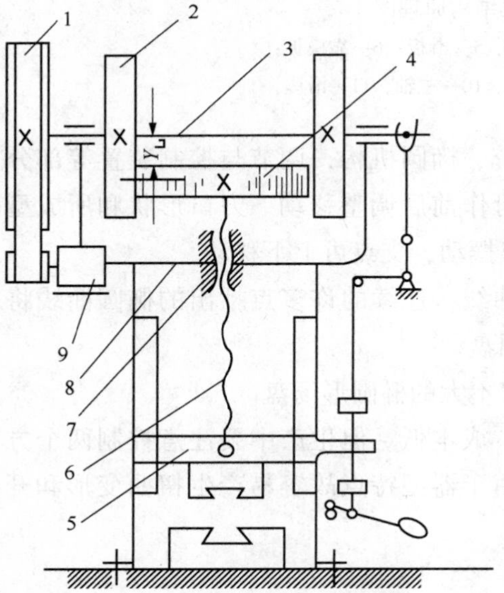

图 3.14　螺旋压力机

1—皮带；2—摩擦盘；3—横轴；4—飞轮；5—滑块；6—螺杆；7—螺母；8—横梁；9—电机

当电机启动，经一级三角皮带传动减速，带动装在水平轴（横轴）的两个端面盘形摩擦轮作等速回转运动。螺旋机构的螺母固定在机座上，螺旋的上端装飞轮，下端活接滑块，滑块的下面联接上模（凸模），并埋入发热体将凸模加热，螺旋一般为 3~4 线的方形或梯形螺纹，使有较高的效率又不自锁，当水平轴移动使摩擦盘与飞轮接触并保持一定正压力，则摩擦盘靠摩擦力带动飞轮转动，从而使飞轮-螺旋系统作螺旋运动。当控制右摩擦盘与飞轮接触时使滑块向下移动作工作行程；当左盘接触时则使滑块上移作空回程。于是摩擦盘的定向转动可随时转换成滑块的上下移动。

② 摩擦压力机的性能和应用

摩擦压力机在陶瓷工业中作为干压成型机械，由于它具有干压成型时所需要的工艺性能，故仍获得一定的应用。

摩擦压力机的主要性能特点：

• 像锤子一样的冲压工件，冲压能量和行程都是可控的，又可多次冲压。因此它特别适用于粉料压制陶瓷制品。

• 通用性大，能量大，结构简单，制造、维修容易。

• 摩擦机压制的面砖比油压机压制得密实。

手工操作成型时的不足：

• 劳动强度大。基本上是一手放料，一手握操纵手柄，脚踏气阀，手推出坯，每台机需 2~3 人。

• 劳动条件差，操作安全性差，硅尘危害大。

• 产量低。

• 产品质量、机械寿命与操作工的熟练程度有很大关系。

使用时应注意：

• 不要偏心冲压。

• 注意避免空冲压。计算表明，国产压力机的空载冲压力约为公称压力的 3 倍左右，为防止空载冲压力对机身造成破坏，严禁空模冲压。

• 应有足够大的成型压力。由此能得到强度大，变形小的坯体。用低水分泥料并用高压压制坯体是干压成型发展的一个趋向。

• 加压操作应采取“多次压”。以免造成加压不均匀，影响坯体密度的均匀性。

（2）液压成型机

液压成型机是利用液压传动产生干压成型所需的压制成型力和运动以及成型的辅助动作，液压传动具有容易得到大的力，容易实现无级调速、换向、力的调换，便于和其他传动的方式联用而实现远距离操纵和自动控制，结构较简单，布局灵活等优点。故液压传动成型机多数为自动液压式的。

① 液压成型机的构造与原理

陶瓷工业上用的液压机，液压工作介质是液压油，故又称油压机。

液压机的类型，按机体的结构分为单壁式、柱式和框架式；按工作油缸的数目分为单缸，双缸、三缸和多缸；按液压系统传动方式分为液压泵直接传动，液压泵蓄能器传动和液压泵增压器传动等。按组合模型的相对运动分为下模固定模腔浮动式和模腔固定下模升降式。

为适应粉料干压成型工艺的生产情况，陶瓷工业选用的大部分是柱式、多缸、立式的液压成型机，小型的液压机是液压泵直接传动，中、大型液压机带有蓄能器、增压器传动。

由于压制成型工艺过程的需要，一般液压机包括三个基本部分(图 3. 15)，自动加料部分、自动压制成型部分和自动出坯部分。对于自动成型生产线，液压机的前面连接自动制泥粉机械，后面连接自动修坯机械。

a. 自动加料装置

物料喂入模型内要求定量，均匀和粉尘小。定量喂料的方法有定容式喂料和定量式喂料两种，最简单的定容式喂料是以模塑空穴作为定容器，把粉料加满刮平；定量式喂料是

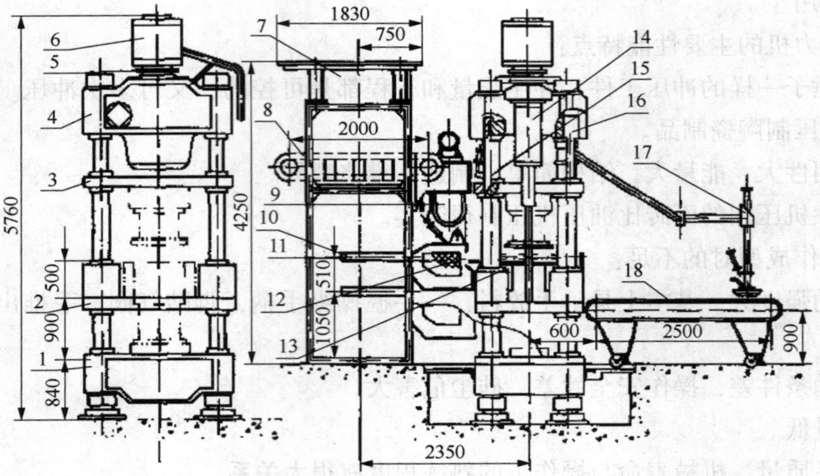

图 3.15　1250t 自动压砖机外形图

1—下横梁；2—砖模固定框架；3—活塞板；4—压力缸；5—充液阀；6—充液缸；
7—料仓；8—运输皮带；9—带混料器的中间喂料装置；10—加料小车；
11—带震动装置的加料盒；12—喷油装置；13—夹砖器；14—砖模降落油缸；
15—悬停装置；16—微差测长仪；17—半自动吸砖机械手；18—皮带机

每次喂入的料量均经计量器计量后喂入。

加料方法通常有三种：已升模加料，适用于厚度不大的制品；上升模加料，模腔边上升边加料，模腔上升时，粉料从料斗落入模型；下降模加料，下模下降，粉料从料斗落入模型。后两种方法适用于厚度大的制品。

b. 自动压制成型部分

液压机的压制成型是由液压缸的压力施加于上模(冲头)，使模型内的粉料颗粒相互靠近，大部分的气体被排挤出去而成坯体的。为了实现多次压与多向压工艺，均用双作用单杆活塞式油缸。至于升压速度与保压时间的控制，则由液压系统的性能实现。

c. 出坯装置

坯体在模型内压制完成后，脱模出坯的方式有两种：保压脱模出坯和卸压脱模出坯。保压脱模出坯是上下模压住坯体，脱开模腔，再脱上模，然后取坯，此法只用于浮动模腔压力机，多用于压制成型厚的坯体；卸压脱模出坯是上模回程，下模将坯体顶出或模腔下行坯体“露出”，然后取坯，锦砖、面砖等较薄坯体压制成型时多用此法。

取坯有三种方法：在手动或自动的加料斗前移加料时，加料斗的前端板将平台上的坯体推出；用夹持式机械手夹持住坯体，在加料斗前移加料时，将坯体自动移放在堆放坯体的台面或输送带上，机械手固联在加料斗的前端；用真空吸机械手自动将工作台上的坯体取出，并放在工作台面或输送带上。

② 液压成型机的性能与应用

• 因为液压机要产生较大的力，一个压制周期分 2~3 次加压和排气，故液压系统主缸为双作用单缸活塞缸，上压立柱式布置。

• 压制过程升压分多次而逐步递增，最后升至最高压力也是在短促时间内，故常用增压器和带蓄能器传动。

• 液压机工作行程速度和空行程的速度差异大。

• 所有成型陶瓷制品的液压机都需带有手控的或自动的出坯装置和组合模具的相对运动装置。

• 发展多穴位液压机来获得较高产量。

3.2.2.4 职业危害

（1）噪声

大型压机在压机升降和压制过程中都会产生噪声，长期处于噪声的环境中会使人烦躁不安，心跳加速，血压升高。噪声对人体伤害最明显的表现是听力损伤；噪声还会对人体造成多方面的损伤，包括神经系统、心血管系统、内分泌系统、消化系统以视觉、智力等。

按照国家职业卫生标准，作业环境的噪声一般情况下不能超过85dB。

在产生噪声的车间，应采用隔声板、隔声室，或者安装吸音材料，以降低噪声。此外还可选购低噪声设备，或安装吸收噪声装置。接触噪声的工友，应佩戴防噪声耳塞、耳罩等。

（2）尘肺

压制过程中也会有粉尘产生，易导致工人得职业病——尘肺。

（3）人体工效

在陶瓷行业的成型岗位上，工友需长期站立、负重、弯腰、重复同样动作、抬头等。长期如此，对人体的肌肉、骨骼、关节、神经都会造成不同程度的伤害，引发一些职业性疾病。比如：长期站立会引起颈椎、腰椎、下肢静脉曲张；过度负重会使背部肌肉拉伤、腰间盘突出。

（4）高温中暑

由于成型车间温度较高，在这种条件下，工人有时会出现高温中暑现象。轻度的中暑常出现大量出汗、口干舌燥、全身无力、头晕目眩、注意力不集中等症状。严重时会发生恶心呕吐、血压下降、脉搏细弱而快，甚至出现昏倒或痉挛等情况。

（5）皮肤过敏、中毒

因为成型的粉体中有时会有腐蚀性或含铅、镉、镍、铬、铝、镁、铁、铜、钴、锰、锑等重金属化合物，不同体质的人就可能产生不同的反应，如果防护不当，这些重金属会通过口、鼻进入人体；在人体积聚过量，就会造成伤害。轻者引起超标，严重者还会导致中毒。

3.2.2.5 防护措施

（1）安全操作规程

在成型操作过程中，操作人员应该按照工艺管理规程、各岗位操作法、自动控制手册和安全规程，认真地进行操作和维护好设备，保证设备安全运转，避免和杜绝任何事故。

（2）安全管理措施

工作前，应穿戴好规定的防护用品，口罩和手套。成型机运转过程中，严禁清理、修理设备，更不得将手或头伸入靠近观察。噪声较大时，应安排短时间的工间休息。这些都可以有效的避免危险的产生。

(3) 一些有效的防护措施

① 预防粉尘危害，采取有效的防尘措施非常重要。粉磨中，尽量采用湿式作业；不能采用湿式作业的工序，则采用机械自动操作，或在密闭的环境下处理原料，以减少粉尘扩散。运输、储藏时，采用自动装载、机械联动运输，减少人员接触。粉磨时，采用机械联动作业，避免人工操作和接触粉尘；如果必须人手操作机器，应建立操作室，而减少与粉尘接触。除了做好上述的防护措施外，还应该保持作业环境良好的通风。

在粉尘区工作的人员，喝水的杯子要集中放在不会被粉尘污染的地方，避免水杯落入粉尘而连同水一起喝入体内。

所有接触到粉尘的作业人员，都必须佩戴防尘口罩。接触粉尘的人员，下班后要养成洗手的习惯。工作服、工作帽应放在工作区，不要带到生活区。接触粉尘的人员，用人单位应该按国家规定安排上岗前、在岗期间以及离岗前的健康体检，了解工人的身体状况，确保工人免遭粉尘的伤害。

② 噪声的防范措施：在产生噪声的车间，应采用隔音板、隔音室，或者安装吸音材料，以降低噪声。此外还可选购低噪声设备，或安装吸收噪声装置。接触噪声的工友，应佩戴防噪声耳塞、耳罩等。

3.2.3 无机非金属材料热工设备

工业规模的热工设备一般是通过燃料燃烧来获得热量，从而产生高温来烧制出产品(或中间产品或熟料)。组织燃料燃烧的设备被称为燃烧设备。燃烧设备随着燃料的不同而差异很大，即使是同一种燃料，因工艺要求的不同、技术进步的差异，其结构也会有所不同。所以，热工设备按燃料来划分，主要分为“固体燃料燃烧设备”“液体燃料燃烧设备”和“气体燃料燃烧设备”。

3.2.3.1 无机非金属材料热加工过程特点

(1) 工艺过程的特点

无机非金属材料的热制备方法分为两大类：一类是普通烧制方法；另一类是高技术制备方法。具体地来说，前一类，即普通烧制方法，主要包括：固相烧结、液相烧结和熔化这三种具体的烧制方法。而后一类，尽管也涉及到固相烧结、液相烧结或熔化的过程，但是所用的方法却是高技术的材料制备方法，包括材料的放电等离子体烧结、微波烧结、激光烧结、热压烧结、热等静压制备、反应烧结、自蔓延高温合成、活化烧结、活化热压烧结、真空烧结、气氛烧结和爆炸烧结等一些具体的高技术制备方法。后一类高温制备方法，一般用于小批量、高附加值，且技术含量较高的无机非金属材料产品的高温制备。由于第一类的加热设备应用较多且发展历史较为久远，针对安全加工生产的书籍及参考资料较多，所以本教材的重点是后一类的热加工制备方法。

(2) 热工过程的特点

热工设备是为材料热制备过程服务的，因此无机非金属材料热制备热工过程的特点之一就是：热工设备必须在设备结构和热工制度上满足所制备品热制备工艺过程的要求。于是，就有了两种类型的热工设备(窑炉)：一种热工设备是在同一设备结构空间内，在不同的时间域来满足不同阶段的工艺要求，这种热工设备被称为间歇式热工设备。通俗地说，就是一炉一炉地来加热制备产品。另一类热工设备是同一时间域内在设备结构空间内的不同区域来满足不同阶段的工艺要求，简单地来说，就是原料(坯体或生料)在热工设备内经过“预热区(预热带)”“烧成区(烧成带)”和“冷却区(冷却带)”后就成为热制备后的产品(或中间产品或熟料)。这类热工设备具体到设备内的每一点，其热工参数(包括温度、压强、气氛等)基本上是稳定不变的，故而称为连续式热工设备，另外，也有的热工设备介于二者之间，被称为半连续式热工设备。

3.2.3.2 无机非金属材料热加工安全技术

(1) 电热窑炉分类

电热窑炉按电能转变为热能的方式来分，主要有以下几种类则：

① 电阻炉，当电流通过电阻时，因电流的热效应(也称焦耳热)产生热能，利用这种热能的炉子就称为电阻炉。在电热窑炉中，电阻炉的应用最为广泛。

② 电磁感应炉，电磁感应会在导体线圈内产生感应电流(涡流)，这种感应电流也会因为导体的电阻而产生热能，利用这种热能的炉子被称为感应炉。感应炉的优点是加热快、功率控制方便、加热温度高；其缺点是感应加热有一定的局限性、电源容量有限、炉容较小、耐材消耗较大。

③ 电弧炉、弧像炉及其他加热成像炉，电弧炉是利用电弧放电产生的热量，它有三种炉型，直接加热型、间接加热型和电阻电弧型；弧像炉则是将电弧产生的高温辐射能通过光学方法聚焦到被加热材料上，于是在成像处产生局部高温，其他加热成像炉的工作原理与弧像炉类似，只是所用的热源有所不同。

④ 电子束炉，利用高速运动的电子能量作为热源。

⑤ 等离子体炉，利用电能产生的等离子体能量来加热。等离子体加热制备材料的重要实例就是放电等离子体烧结技术。

⑥ 红外加热炉，利用红外波段的电磁波(简称红外线)进行加热。

⑦ 太阳炉，太阳炉尽管不属于电加热窑炉，但它却具备电热窑炉的一些功能，它是将太阳能反射和聚焦到一点，而使焦点处产生局部高温。其他材料的热制备技术主要包括：材料的“微波烧结”技术、“激光烧结”技术、“热压烧结”技术与“热等静压制备”技术(或称高温等静压技术)、“反应烧结”技术、“活化烧结”技术与“活化热压烧结”技术、“真空烧结”技术与“气氛烧结”技术、“爆炸烧结”技术等具体的材料制备技术或方法。

(2) 电阻炉的安全技术

① 电阻炉的分类

电阻炉分为间歇式操作的电阻炉、半连续式操作的电阻炉和连续式操作的电阻炉。间歇式电阻炉一般用于实验室规模，这类电阻炉按炉温的高低可分为低温、中温和高温三种炉型；按其结构又可分为箱式(水平式)电阻炉和立式电阻炉。

箱式电阻炉主要用于烧成单个或小批量制品。因其外形类似“箱子”而得名，该炉型为水平式，炉门在正面，炉膛为长方体，炉膛内壁有电热体，如图 3.16 所示。箱式马弗炉是一种特殊的箱式电阻炉，参见图 3.17。马弗炉的含义是“包覆”，这里是指丝状电热体穿绕在炉衬的圆孔中被包裹起来。因为是电热体通过加热炉衬来间接地向炉膛内辐射传热，所以尽管马弗炉内的温度相对较均匀，但其温度值一般较低(≤1000℃)。

图 3.16　箱式电阻炉

图 3.17　箱式马弗炉

立式电阻炉的特点是，其炉膛高度大于其长度或宽度(对于炉)或大于其直径(对于圆炉)，炉门可在正面，也可在顶面，如图 3.18 所示。炉门在顶面的电阻炉则称为井式电阻炉，此时需要用炉盖将炉膛紧紧盖住。井式电阻炉适合于烧制管状制品，其炉膛截面有正方形、长方形和圆形，其加热元件通常布置在炉膛侧壁上。深井型电阻炉沿高度方向通常分成几个加热区，各区内的温度各自独立地进行控制与调节。管式电阻炉一般用于测温仪器的检定或小件样品的加热。如图 3.19 所示的是几种典型的管式电阻炉。

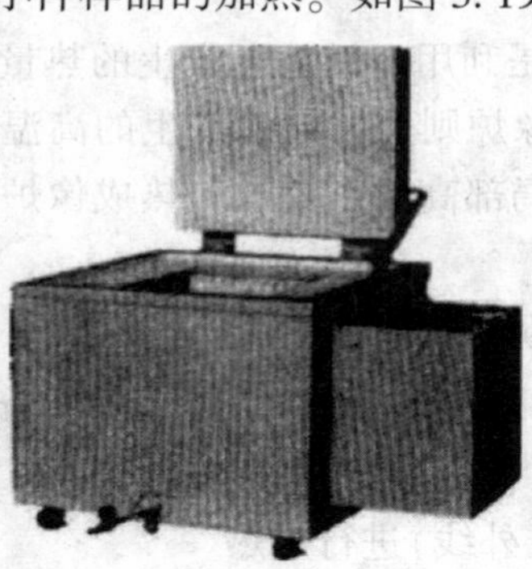

图 3.18　立式电阻炉

图 3.19　管式电阻炉

半连续式操作的电阻炉是指其内被加热坯件的装、卸在炉外交替地进行，而不需要在狭窄的炉膛内现场装、卸坯件，这样便于操作。其类型通常有以下两类：钟罩式电阻炉与窑车式电阻炉。钟罩式电阻炉(或升降式电阻炉)由炉罩和底座这两部分构成。这种电炉的密封性很好，且炉身的蓄热损失较小，所以其热效率很高。炉罩形状为方形或圆形。其电热体安装在炉罩内壁，待制品烧好并冷却到一定温度后，再将炉罩迅速转移到另一个底座上，可开始另一钟罩式电阻炉内坯件的焙烧。与钟罩式电阻炉相类似的还有升降式电阻炉，这两种电阻炉如图 3.20 所示。窑车式电阻炉又称台车电阻炉，或称电热梭式炉，如图 3.21

所示。它是由固定的炉体和窑底、窑门所构成。炉体形状为矩形，炉体四壁以及窑车底板上均安装电热体，其上装载着坯体的窑车被推入炉内焙烧。

图 3.20　钟罩式电阻炉

图 3.21　窑车式电阻炉

连续式操作的电阻炉具有大批量生产和连续操作的优点，它分为单通道式、双通道式和多通道式。按其运输方式的不同，又可主要分为窑车式电热隧道窑、推板式电热隧道窑、辊底式电热隧道窑、传送带式电阻炉和链式电阻炉。

窑车式电热隧道窑，简称电热隧道窑。窑内有轨道，也有砂封槽，窑车两侧有插入砂封槽的裙板。在预热带、烧成带的墙壁上安装有电热体，由推车机构将装载有坯体的窑车推入窑内，连续地经过预热带、烧成带和冷却带后烧成为产品。

推板式电热隧道窑又称为电热推板窑。其通道由一个或数个隧道所组成。其窑底有用坚固耐火砖精确砌成的滑道，顶推机构将装载有坯体的推板推入窑内煅烧。有时为了减小摩擦，可在推板下放上一些瓷球。管窑是一种特殊的电热推板式隧道窑，它沿窑长方向上有数十条横断面面积很小的管状烧成孔道。管窑适合于烧制一些特种形状的制品。

电辊底式热隧道窑又称为电热辊道窑，其窑底有许多平行的金属质或瓷质辊在传动机构的驱动下不断地转动，使坯件连续通过预热带、烧成带和冷却带后成为制品。辊道窑的通道截面呈扁平状，其升温快、温度分布均匀、控制方便，能快速烧成。

传送带式电阻炉，有一条用两个滚轮撑紧的传送带，坯体被传送带输送经过预热带、烧成带和冷却带后成为制品。电热体通常安装在炉顶和炉底。受传送带材质的限制，该电阻炉只能用来加热尺寸较小的坯体，且炉温一般≤1000℃。

链式电阻炉内有两条回转的链条，链条用耐高温、高强度的铸件制成。两条链条之间横挂有支架板，坯体被放在支架板上在窑内移动。电热体则悬挂于炉膛四周或者悬挂于炉膛两侧以及搁置在炉底。其缺点是受链条和支架板材质的限制，炉温不宜过高。

② 电阻炉的结构

通常电阻炉是由炉顶、炉墙、炉门、炉底和地基、炉架及炉壳组成。电阻炉的炉顶有三种：拱顶、平顶及悬挂顶。

电阻炉的炉墙由炉衬和金属外壳组成。炉衬包括，耐火材料及保温材料，炉衬的结构要求能够耐火、保温、密封，有一定的强度。当炉膛温度≤200~300℃时，炉衬可不用耐火材料，只用保温材料。

电阻炉的炉门开启方式通常有，提升式和铰链式。大型炉多用提升式，小型炉一般用铰链式。电热隧道窑的炉门多采用卷帘式和插板式。小型电热隧道窑因炉膛细而长，且坯件、制品进出频繁，所以一般无炉门，有时在窑的进、出口处设立封闭气幕。

小型电阻炉的炉底一般是用钢架直接架在钢板的外壳上，即炉底悬空。电热隧道窑还必须考虑地基。不应让地基各部分的承载差别太大。安装时，还应考虑地基受热膨胀的因素。

电阻炉的炉壳通常用3~5mm厚的钢板制成，其炉架常用各种钢焊接而成。炉壳和炉架外表面涂刷防锈红丹漆后再刷一层灰漆或银粉漆，这样能够减少炉壳的辐射热损失。

③ 电阻炉的安装与使用

a. 电热体的安装

电热体在炉膛内的安装形式要根据其材质以及炉内温度的分布情况而定。通常将电热体布置在炉内四周，有时为了使炉膛内温度分布均匀和加大电阻炉功率，在炉底以及炉顶也安装有电热体。具体确定电热体的安装方法时，要尽量考虑电热体的发热效率要高以及结构要简便，同时还应考虑到价格上要便宜。

丝、带状电热体的安装：丝状电热体一般做成螺旋形，把它平放在炉膛的砖槽内或搁在丝砖上，也可套在陶瓷管或陶瓷棒上。丝状电热元件要避免直接垂直使用，以防高温时因自重而下垂或者造成螺旋体的疏密不均和损坏。ϕ8~10mm的粗电阻丝最好做成波纹形，直接挂在炉墙上(这种电阻丝的遮蔽很小)。带状电热件也通常做成波纹形或螺旋状，直接挂在炉墙上或者水平放置在炉顶或炉底。

硅碳棒电热体的安装：硅碳棒的安装方法要根据炉内温度的分布情况而定，一般是水平安装或垂直安装。硅碳棒的发热部分应与炉膛的有效加热尺寸相吻合。硅碳棒的冷端部分应伸出炉壁约50mm，炉壁上耐热的电绝缘管的内径约为硅碳棒冷端部分直径的1.5倍。炉壁上为硅碳棒预留的孔洞应在同一直线上。具体安装时，硅碳棒两端的夹子应夹紧，为此可以考虑在棒与夹子之间垫几层铝箔，以保证通电时接触良好。否则，会引起电弧而降低电热体使用寿命。

硅钼棒的安装：硅钼棒从炉顶上悬吊的安装方法最为理想。硅钼棒的发热段与冷端交界处到炉顶内表面的距离为25~30mm，其冷端接电的连接处至少露出炉顶外表面75mm，硅钼棒的安装间隔略大于或等于其中心间距。

b. 电阻炉的使用

新电炉或久未使用的电炉，使用前要进行慢速烘炉以驱除炉衬内的水分。烘炉时一般可以用木炭或直接通电烘干。较大电阻炉的烘干时，100℃以前略开炉门，使水蒸气逸出炉外。

对于长期使用的硅碳棒电阻炉来说，因硅碳棒的老化，必须逐步提高电压方能得到额定的功率。当调至最高电压仍不能达到额定功率时，可以在改变硅碳棒的连接方式(如串、并联方式互换、Y形接法与△形接法互换)后，继续从低电压起逐步提高电压使用，仍然不能达到额定功率，这说明硅碳棒已经过度老化，应更换新的硅碳棒。

c. 电阻炉功率的调节

电阻炉功率的调节包括两个方面：一是电阻炉总耗电功率的调节；二是电热体发热功率的调节。一般来说，其调节方法有以下两种。

利用变压器来调节：采用硅碳棒、硅钼棒、钼丝、钨丝等电热体的电阻炉。由于其升温过程中电热体的电阻值变化很大，所以需要用变压器来调节供电电压，从而减慢升温速度，以免由于热惯性使炉温上冲，超过所要求的温度。电热体长期使用后其电阻值会有所改变，这时也需要用变压器来调节供电的电压。

利用改变电热体的连接方法来调节：电阻炉长时间使用后，电热体会逐渐老化，于是发热功率明显不足，导致炉温难升高。在有几个电热体的电阻炉内，也可通过改变电热体的连接线路来调节电阻炉的功率，通常是利用转换开关来实现连接线路的转换。假设在单相(电源为一个火线；一个零线)或两相(电源为两个有相位差的火线)电阻炉内只有两个同样电阻的电热体，若把电热体由串联接法改为并联接法时，则功率为原来的16倍。如果有3相电热体，若将星形接法(Y形接法)改为三角形接法(△形接法)，则电阻炉功率就为原来的3倍。同理，如果三相电阻炉有6个电阻相同的电热体，连接成两个独立小组，这样就使电阻炉有5级调节功率。

d. 电阻炉内温度的控制调节

电阻炉内常用的控温方法是利用热电偶和接触器等进行温度控制。如果再加上可控硅温控装置，就可以进行更为平稳的温控调节。现代化的电阻炉都是利用计算机进行温度的可编程序控制。使用者只需将预先制定的烧成曲线(若干关键的温度点及其对应的时间)输入程序内，就可以按此温度曲线进行精确的温控调节。

④ 电极炉

电极(电阻)炉类似于电阻炉，但又有一些不同，其主要差异是，电极炉内不设置电热体，取而代之的是电极，外部电源通过电极直接将电压加在被加热材料体的两端，也就是将被加热材料体作为电热体来进行电加热。如果被加热烧结的是一些特殊成分的材料，施加直流电场后，其烧结体还可能有一些特殊的磁学特性或压电特性。

常用电极材料有石墨电极、钼电极、二氧化锡电极等。在电热窑炉中，虽然电阻炉的应用较为广泛，但因炉内温度受到电热体材质的限制，不可能很高，要得到特高温或极高温，就必需利用以下介绍的非电阻炉或其他的材料热制备技术。

(3) 电磁感应炉安全技术

① 电磁感应炉的分类

电磁感应炉分为感应培炼炉和感应加热炉，其应用都非常广泛，在无机非金属材料领域内后者的应用较多。例如，可用电磁感应炉来制备氮化硅一类的特种陶瓷等；一些特种电炉也常用电磁感应加热(或称涡流加热)的方法。

电磁感应炉的优点是加热快、加热温度较高、加热质量好，功率控制方便，易于实现机械化、自动化等。只是电磁炉感应加热有一定的局限性。

② 电磁感应炉的电源

电磁感应炉的电源为交流电，按电源频率的不同，通常分为：工频、中频和高频三种。工频是工业频率的简称(我国为50Hz)，中频是指工频以上直到约10kHz的频率段，其上限决定于所用中频设备所能达到的最高频率。中频感应加热常用的频率段为1.0~10kHz。中频电源设备曾经需要用中频发电机组发电，现在多用可控硅变频的中频电源设备(简称中频逆变器)，它具有效率高、运行可靠、维护简单、体积小、自重轻及制造方便等优点。高频一般指 10kHz 以上的频率，其上限是根据实际需要频率来确定(约为 1MHz)，其常用电磁振荡器的振荡频率为 300~500kHz，加热导电性能较差的材料时，则高达 3~5MHz。电磁感应电源的输出功率从几千瓦到最大约 800kW。

③ 电磁感应加热的原理与电磁感应炉结构

当交流电流通过导体(施感导体)时，在导体周围就产生交变磁场。如果把另一块导体(受感导体)放入交变磁场中，则在导体内就会产生一个感应电动势，在施感电动势作用下受感导体内便会有交流电(称为感应电流)。受感应电流的频率变化规律与电源通入施感导体内的电流频率变化规律是一样的，这样电源就通过施感导体使受感导体得到电加热，称为感应加热法，如图 3.22 所示。

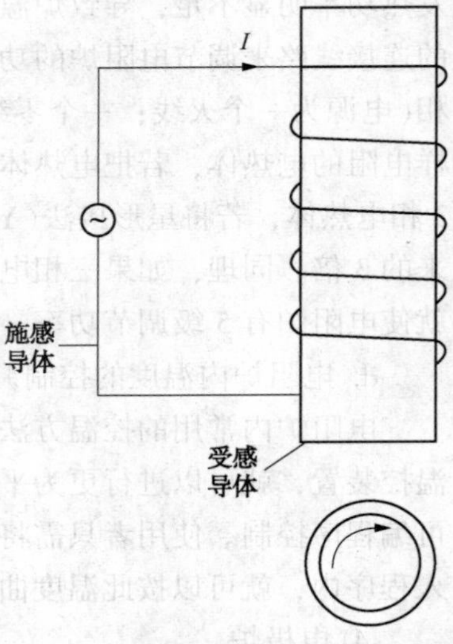

图 3.22　感应加热的原理

工频感应加热时，整个施感导体和受感导体截面上的电流分布是均匀的，若将电流频率增加(频率越快，感应出的热量就越多，加热速度也就越快)，则受感导体内电流的分布就不再是均匀的，而是集中在导体的表层。这种高频电流集中在受感导体表层的倾向被称为集肤效应，该效应是感应加热法的第一个特性。

产生集肤效应的原因是当受感导体感应出交流电后，受感导体就处于该电流所造成的交变磁场内，这种磁场在受感导体内感应出的电动势与电源电动势的方向相反，从而阻碍了电流通过，所以人们也把“感应电动势”叫作反电动势。受感导体中心处集中了全部的磁通，所以此处感应出的“反电动势”最大，导体中心处也就具有最大的感抗。于是，电流就力图沿感抗较小的受感导体的表面层通过。

电流频率越高，受感导体中心处的感抗就越大，电流分布的不均匀程度也就越大(即集肤效应越显著)。通常规定，电流密度降至外表面电流密度 37%处为分界面，分界面以外为表面层。经过计算得知，在表面层内产生的热量为全部电流发出热量的 86.5%。受感导体内的感应电流通过表面薄层的厚度被称为电流的“渗入深度 δ”。δ 与导体材料的电阻率及电流频率有关，高电阻受感导体的 δ 较大，加热速度也较快，提高电流的频率，δ 会减小。

对于绕成线圈的导体，则磁力线分布如图 3.23 所示。有电流通过时，线圈将被磁力线所围绕，线圈周围的磁力线集中于内侧，而且内侧的磁场强度比外侧要大，所以内侧的电流强度就比外侧的电流强度要大，就是感应加热的第二个特性——电流主要沿匝圈的内侧通过。

施感导体距离被加热材料越近，则加热速度越快；反之，则加热速度越慢。通常把被加热材料与感应圈之间的距离称为耦合距离。由于金属本身为导体，所以可以将金属材料直接放在电磁感应炉内的耐火坩埚中加热，该方法叫做直接加热。而用电磁感应炉加热非金属材料时，则一般要将材料放入用 Mo、W、镍-铬合金、石墨、SiC、ZrO_2 等导电材料做成的坩埚内加热，该方法叫作间接加热。如果实在无法用导体坩埚，则需要设置导体感应器来加热材料。另外，某些材料高温下才能导电，这时还可设置辅助加热器将材料预热到可导电的温度。图 3. 24 是真空感应加热炉的结构，真空室内有感应线圈和坩埚。感应线圈的材料为铜管或铜板、铜块，为了防止感应线圈过热，需要对其进行水冷却。

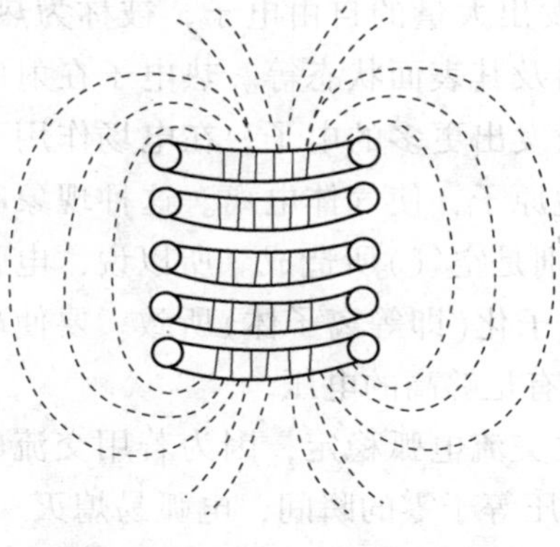
图 3. 23　线圈上的磁力线分布

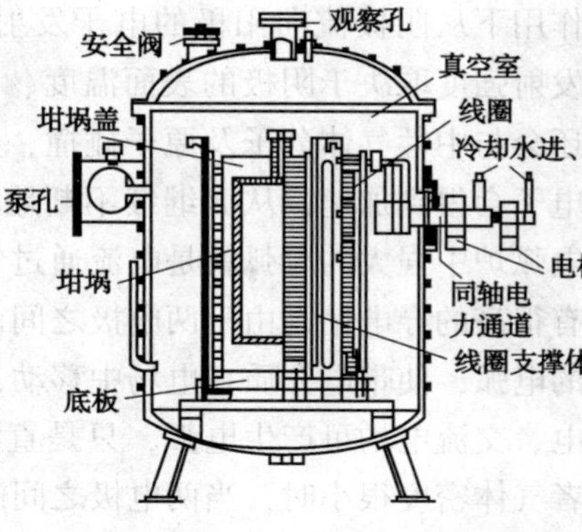

图 3. 24　真空感应加热炉构造

④ 电磁感应炉的使用

a. 开炉前要检查好电气设备、水冷却系统、感应器铜管等是否完好，否则禁止开炉。

b. 炉膛熔损超过规定应及时修补。严禁在熔损过深坩埚内进行熔炼。

c. 送电和开炉应有专人负责，送电后严禁接触感应器和电缆。要注意感应器和坩埚外部情况。

d. 装料时，应检查炉料内有无易燃易爆等有害物品混入，如有应及时除去，严禁冷料和湿料直接加入熔化液中，熔化液充满至上部后严禁大块料加入，以防结盖。

e. 补炉和捣制坩埚时严禁铁屑、氧化铁混杂，捣制坩埚必须密实。

f. 浇注场地及炉前地坑应无障碍物、无积水，以防熔化液落地爆炸。

g. 熔化液不允许盛装得过满，手抬包浇注时，二人应配合一致，走路应平稳，不准急走急停，浇注后余钢要倒入指定地点，严禁乱倒。

h. 中频发电机房内应保持清洁，严禁将易燃易爆物品和其他杂物带进室内。

i. 使用环境海拔不超过3000m；环境温度在 3~40℃范围内(0℃以下地区需采取防冻措施)，最大相对湿度不大于90%，周围没有导电尘埃，爆炸性气体及能严重损坏金属和绝缘的腐蚀性气体。

(4) 电弧炉、弧像炉与其他加热成像炉

① 电弧炉的特点

电弧炉是利用电弧产生的热量来加热材料，其优点是加热快、温度高、调节方便。其缺点是耗电较多、电极损耗较大、配套设备复杂。在无机非金属材料领域，电弧炉常用来合成云母，生产氧化铝空心球(保温材料)、硅酸铝耐火纤维(耐火保温材料)、石英坩埚(制备单晶硅、多晶硅所用的容器)等。

② 电弧炉的加热原理与构成

a. 电弧加热原理

两根靠得很近、但中间有一定间隔的电极通电时，就会发出耀眼的白亮火光，被称为电弧。这是电流通过气体时所产生的一种放电现象。当两个电极作短时间接触时，由于短路便产生了强大电流，此电流使得电极端部放出大量热量。如果再将电极移开，在接触的瞬间则会在带负电荷的阴极上出现白热斑点，被称为阴极斑点。该阴极斑点是巨大的电子流在电场作用下从阴极流向阳极的电子发射源，它发出大量的自由电子，被称为热电子。热电子的发射强度取决于阴极的表面温度、阴极材料及其表面状态等。热电子在射向阳极的途中，还会与中性气体分子及原子碰撞，并从中激发出更多的电子。在电场作用下新产生的自由电子会得到加速，从而继续不断地激发其他原子，使气体电离。这种现象叫做二次发射。电弧炉中强大的电弧就是电流通过气体(特别是空气)所造成。所以说，电弧的气体介质具有很高的导电性是由于两电极之间的气体离子化(即等离子体)所致。要使电弧炉具有强大的电弧，使带电介质在电场中移动，就必须有足够高的电压。

直流电、交流电均可产生电弧，只是直流电弧比交流电弧稳定，因为若用交流电，在真空中或者气体密度很小时，当两电极之间的交流电压等于零的瞬间，电弧易熄灭。所以，电弧炉一般采用直流电源。电弧炉有三种加热方式：直接加热(电极之间产生的电弧直接加热物料)、间接加热(电极之间产生的电弧再以热辐射方式传热给被加热的物料)和电弧/电阻加热(电极插入物料之中，电弧发出的热量与电流通过物料时产生的热量共同加热物料)，如图 3. 25 所示。电弧放电使其所在区域中的气体电离为“等离子体”，所以等离子体炉在广义上与电弧炉同类。

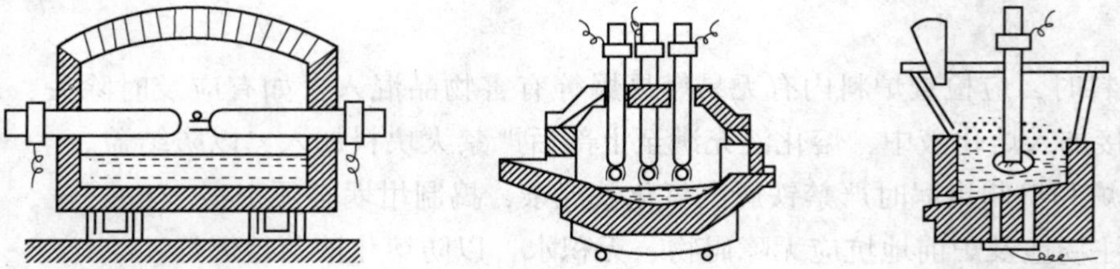

(a) 直接加热法　(b) 间接加热法　(c) 电弧电阻加热法

图 3. 25　电弧炉的工作原理

b. 电弧炉结构

电弧炉通常有五部分构成。电源部分包含有炉变压器(整流器)、高压供电、低压电气控制柜等。电极部分包含有电极升降装置、导电横臂、电极类等。炉体部分包含有炉壳、炉盖、炉体倾转机构等。短网部分包含有导电铜排、水冷电缆等。冷却水系统。

对电弧炉的电极的要求如下：第一耐高温，且在空气中开始强烈氧化时的温度要高；第二有较高的电导率和机械强度；第三其灰分和含硫量较低；第四，成本较低。

电弧炉的电极有石墨电极和其他碳素电极等，其中石墨电极使用较多。对于直接加热的电弧炉电极安放在等边三角形的三个顶点上。通过三电极中心的圆直径被称为电极圆直径。电弧炉熔化室的电极圆直径 D 与电极直径 d 之比一般为 2. 5~5. 0，大型炉要选高值。

c. 电弧炉用变压器

电弧炉用变压器是一种降压变压器，其次级输出是低电压、大电流，具有较大的过载容量。在变压器高压侧配有电压调节装置(调节电弧炉的输入电压所用)。电弧炉用变压器应具有下列特点：第一，能承受很大的过载能力，第二，具有较高的强度，因为电弧炉内发生短路时的电流冲击很大，从而产生很大的机械应力，此外，还要求工作时不会发生各部件的松动，以防损坏；第三，变压比要大，能把送到车间的高压电变为低电压和大电流后输入到电弧炉内，其电流可达几万至几十万安培。

③ 电弧炉的安全操作

- 开炉前必须检查电路系统，液压系统，水冷系统除尘系统等是否运转正常。
- 检查水冷系统的压力是否够要求压力。水冷皮管，三相导电横臂，卡头，炉体，炉门水箱等是否漏水，避免造成不必要的意外事故发生。
- 关注电极的长短，是否该接电极或换电极，同时在换电极时，必须吹干净卡头上的氧化渣和金属灰尘，避免送电打火造成铜瓦漏水现象。
- 加料之前，必须把三相电极上升到位，再旋炉盖，反之造成电极折断。
- 加料前，先加800~1000kg石灰在炉底，大块和太重的炉料，加在炉底，以免塌料打断电极。并且炉料中夹带有砖头，石块，沙子，炉渣等不导电物，必须拿出，以防送电不导电，打断电极。
- 二次或三次加料时，并且炉料中含水和油质太多，那么前次炉料不能化得太清才加入，要提前加进炉内(炉料化到50%即可)，以防熔融液喷溅、爆炸、喷火、伤人和烧坏设备。
- 粉末炉料不能加在炉底，或炉料的最上层，以防熔融液沸腾或塌料时炉门口喷火伤人。
- 在起步送电时，一定要用小电流，小电压给电，反之弧光对炉盖和炉墙的耐材侵蚀严重，造成炉盖和炉体的寿命期缩短，成本的增加。
- 在冶炼期，如想调节三相电极的电流，电压，必须断弧停电调节，以免变压器超负荷工作，以保证变压器工作寿命期。
- 要求合理配电，并且接合氧气助熔，加快熔化速度，缩短冶炼时间，节省电耗，降低消耗成本。
- 使用氧气时，先开水开到规定水压，再开气体(小)再深入钢液和炉渣的结合面，最后把气压开到规定的压力，反之，会造成烧枪，堵枪和氧枪回火。
- 在氧化期，并且是升温的情况下，氧气不能深吹，只能吹渣面下，刚好埋住枪头处，避免造成合金元素大量的氧化。
- 还原期，根据冶炼工艺，加强力度，做到还原渣成白色，褐色，黄色，各合金料达到高回收率，完成各成分达标出炉。
- 喷补炉体时，电极升高，炉盖不许旋出，做到高温，快补，薄补，以防热量损失，为下炉冶炼创造良好条件，也是节能减排的其中因素之一。
- 在倾炉前，要检查前后支撑是否支撑，以免倾炉使其炉体错位。

④ 弧像炉与其他成像加热炉

对于化学活泼材料的高温性能研究，或高温时不能沾污以及化学计量比不能改变的高温单晶生长，或纯度要求极高材料的高温制备，就需要像弧像炉这样的无沾污加热炉。

a. 弧像炉

弧像炉仍以电弧为热源，但需要将电弧的辐射能通过适当的光学方法聚集到被加热料上，即形成一个辐射圆锥，从而使热源在圆锥尖端成像来形成局部高温。这样，就使被加热料的小部分熔融成一个自身坩埚(不需与任何其他物质接触)，所以其产品纯度极高。弧像炉能够熔化很多熔点极高的材料，像 Cr_2O_3(1990℃)、Al_2O_3(2050℃)、ZrO_2(2680℃)和 MgO(2800℃)等，也能生长出像单晶硅、金红石单晶、蓝宝石晶体、高温半导体晶体、碳化物晶体和氮化物晶体等特种晶体材料。

弧像炉的光学系统如图 3.26 所示。其中，图 3.26(a)为聚光透镜系统，其优点是通过互换光源与像的位置，可提供低辐射的大像或高辐射的小像，且像中无阴影；图 3.26(b)为单一椭球镜系统，一个椭球焦点上的光源会在该椭球的另一个焦点上成像(要获得低辐射大面积或高辐射小面积，只需将光源放在其中的一个焦点上即可)；图 3.26(c)为双椭球镜系统，假如这两个镜子具有同样的偏心率，而且是几何完整的，则最终的成像将与光源大小相同(其成像大小也可用两个具有不同偏心率的镜子来改变)；图 3.26(d)为双抛面镜系统，成像大小与光源大小基本上相同。

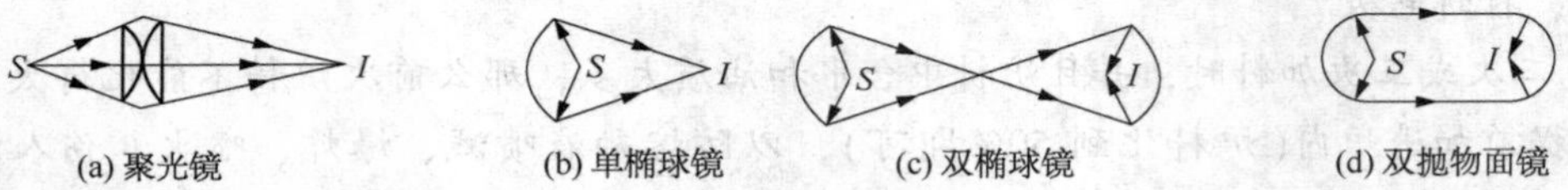

图 3.26 电弧源成像的光学系统

S—抛电弧源；I—弧最高温度成像处

b. 其他加热成像炉

除弧像炉以外，还有其他一些类型的加热成像炉，其原理都是利用光学系统聚焦辐射能来进行高温加热，仅是所用的热源有所差异。除电弧放电外，还有太阳光、激光等。这些加热炉除了可以避免产品污染外，加热时的周围气氛也易控制，加热温度最高可达 3500℃。

(5) 等离子体炉

① 等离子体炉的特点

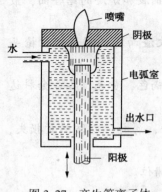

图 3.27 产生等离子体的原理

(直流、水冷却、水蒸气产生等离子体的喷枪)

等离子体是经过高电压放电而发生电离后的气体，有低温等离子体和高温等离子体之分。等离子体炉是利用高温等离子体的能量而进行加热的一种电热炉，如图 3.27 所示，其主要优点是等离子体利用了一部分气体的电离能，故而很容易达到其他普通窑炉不易达到，甚至不能够达到的高温，一般>10000℃(利用电能产生的高温等离子体温度可以达到 10000℃以上；利用核能等其他高能方法还可以获得几十万摄氏度至几千万摄氏度的高温，热核聚变产生的等离子体，核心处最高温度有几亿摄氏度)。等离子体中的热能还易被气体传递，在高于大气压(正压)或低于大气压(负压)的系统内都能进行，在工业生产中其条件也很容易得到满足，而且比较安全，设备寿命也很长。因此，等离子体炉不仅可以用在实验室中，也能够应用于实际生产。

② 等离子体产生的装置

产生等离子体的装置是利用气体或液体作为电离介质，电离介质也能将放置于电弧室内的电极冷却，从而产生稳定的电弧加热、电离。电源可以是直流，也可以是交流，目前几乎都采用直流电源。其前部电极上有电离介质喷出口，而放电则是在阳极(后部电极)与阴极(前部电极)之间进行。电弧会通过电离介质的中心部分。电离介质可以是空气、He、Ar、N_2、H_2等气体；也可以是水、液态空气、液态 N_2、液态 H_2等液体。

③ 等离子体加热技术的应用

等离子体的加热方法有：等离子体加热、等离子体诱导加热、放电等离子体加热等。各种等离子体气体的电弧温度下限及其能量，如表 3.1 所示。等离子体加热的用途很广，可用来合成材料、烧结材料或用来研究游离基，也可用来研究一些材料物性(热冲击试验、材料熔点测定、辐射能测定等)，还可用于喷涂涂层，以及用来焊接和切割等。

表 3.1　各种气体等离子体的电弧温度下限及其能量

气体名称	电弧温度/℃	气体的能量(以 760mmHg，200 气体体积为单位量)/(kW/m^3)
Ar	5000	2.65
He	13500	3.89
H_2	7500	9.18
N_2	8000	15.01
CO	4200	2.30

④ 等离子体炉的安全操作

等离子体炉实际上是电弧炉的一个特例，所以其安全操作可参考电弧炉部分。

(6) 电子束炉

① 电子束炉的特点

电子束炉是利用高速运动电子的能量来加热材料，又称为电子轰击加热器。电子束炉的原理类似一个二极管，通过热电发射的方式获得初速度的电子，在 2kV 以上的高电压降作用下向试样加速，并用电磁或静电透镜的方法使电子束朝着试样聚焦，使被加热区的温度≥500℃。用电子轰击加热需要在发射器和试样之间产生受控制的电流，这只有在真空中才能实现(实际中，这一过程只有在绝对压强$<10^{-3}$mmHg 时才可行)。电子束炉主要应用于贵重、稀有、难熔金属的熔炼和精炼。与其他真空熔炼炉相比，电子束轰击炉功率密度高，炉内真空度高，容易制备各种高纯材料或特殊合金、熔炼优质特殊钢和钛废屑回收等，此外还具有节能、无耐火材料对环境的污染等优点。

② 电子束炉的结构

电子束炉包括有炉体、加料装置和真空系统构成。炉体的结构型式与电子枪的形式、数量及原料状态、加料方式等有关，它可以做成卧式或立式。炉壁一般为钢板焊成夹套式，中间可通水冷却，电子枪及枪室的真空系统装在炉体的上部的斜上方，单枪电子束炉一般垂直装在炉室上部中央，由侧面水平进料，双枪或多枪时，则对称的分布于炉室的斜上方，炉室内有结晶器、进料装置、炉门、观察孔及与真空相关的孔道等装置。

加料装置，电子束炉可加散料，进料方式有垂直进料和水平进料，料棒通过机械装置可上下运动，同时为了熔化均匀，某些设备的料棒还可旋转。一般水平进料的缺点是料棒的局部挡住了电子束，在坩埚内存在阴影区，故此处温度较低，虽由于熔体不断搅动，能部分克服此缺点，但克服此缺点主要还是利用电子束的偏转，或间断进料以克服阴影，否则锭的表面会不光泽，去除杂质的效果也会不好。所以为了提高作业效率，炉子一般设有装料箱，箱内放几根棒料，当一根料棒熔完后，通过转换装置，可接着熔化另一根棒料，直到铸锭达到要求的长度为止。

真空系统，电子束熔炼要求真空度达 10^{-4}mmHg 以上，否则，可能会发生辉光放电，使电流过载，熔炼无法进行，因此要求真空系统排气能力大，能迅速将熔炼过程中放出的气体排除，同时要求其极限真空度高，能维持炉内真空度在 $10^{-4}\sim10^{-5}$mmHg。为此常将机械泵以及扩散泵串联使用。枪室往往有单独的真空系统。

③ 电子束炉的使用

电子束炉结构复杂，在日常运行过程中正确使用对安全生产十分重要，尤其对设备的定期维护和清理、电子枪的合理装配、熔化过程中停水停电紧急情况的正确处理等，是保证安全生产的重中之重。

电子枪的装配过程出现问题或装配没有达到技术要求，会出现电子枪运行不正常，或者根本无法运行，甚至电子枪会击穿坩埚或冷床。清理和维护程序操作不得当，可能会引发火灾，对操作人员人身和设备安全造成损害。对于熔化过程中突然停电(水)、炉室漏水等紧急情况处理不得当，大量的熔化热量会严重损害设备，而且熔炼炉为真空密封系统，还存在发生爆炸的潜在危险。

a. 电子枪装配

电子枪是电子束炉的核心部分。电子束发生器日常需更换的元件是灯丝和阴极块，因为它们的平均寿命都只有 150h。电子枪装配的最基本要求是干净，更换灯丝、阴极块时，必须佩戴上干净的棉制手套，严禁用手直接接触发生器元件。

电子枪的拆卸和装配过程中要保证适当的拧紧力，如果安装时紧固不好，启动以后，各部件达不到要求的同轴性，电子枪就无法实现预定的偏转和聚焦，致使整个电子枪不能正常工作。

阴极块和灯丝的安装方向和位置一定要正确。阴极块的形状是特殊设计的，一面是平的，另一面是凹面的，凹面有利于实现电子束聚焦，安装时，其凹面对着发生器的外部，平面放在里边的支架上。阴极块的形状和方向是不能改变的，如果改变，正反改变会化掉阳极，形状改变会化掉偏转线圈，这都是极其危险的，因此严禁发生此类错误。

灯丝的两个末端，必须分别对应连接到电子枪的正、负极，如果正、负装反，灯丝电流会特别高，而阴极电流会极小，使电子枪不能启动或者直接烧断灯丝，造成整个设备不能正常运行。

b. 电子束炉的维护和清理操作

电子束炉系统庞大，结构复杂，根据电子束炉的熔炼特点，熔炼室需要周期性的彻底清理。在进行维护和清理过程中，要严格遵守设备安全操作规程，穿戴好个人劳动保护用品，并注意下列事项：

- 电子束炉的电子枪电源部分存在很高的电压，因此存在致命的电击危险。每次对高压部分检查、维护时，确保高压电源断开，并且不能误合闸。没有断开高压电之前，不能进行任何操作。

● 电子束炉在熔化过程中，高速电子轰击金属物料时会产生X射线，为了防止X射线伤害操作人员，必须采取有效的屏蔽和防护措施，并使用符合要求的零部件，如与电子束发生器和炉室连接的部件(如法兰、连接卡子)必须使用不锈钢材料制成的，禁止使用铝制零部件。观察窗只能使用铅玻璃。每次对熔炼室和电子束发生器进行检修或清理后，必须检测X射线是否有泄漏，防止X射线泄漏对操作人员造成伤害。

● 电子束炉在熔化过程中会产生金属残留物、喷溅物和金属灰尘。连续熔化数炉以后，就会有大量残留物堆积在熔炼室内壁上，所以需要定期进行清理。按照清理程序，待炉室充分冷却后放气，打开炉门，操作人员在炉外采用敲击等方法使熔炼室内壁的喷溅物燃烧(必须保证设备冷却水畅通)。熔炼室内喷溅物未充分燃烧之前，禁止人员进入熔炼室。如果喷溅物没有完全冷却，或者燃烧不充分，易反应金属残留物和灰尘随时可能突然燃烧，这样不仅会伤及操作人员，还可能烧损设备。因此，清理维护操作必须在确保安全的前提下进行。

c. 电子束炉在运行中的停电、漏水应急措施

电子束炉一般有较好的保护装置，在熔化过程中，如果突然停电，设备的保护装置会自动关闭高压电源和需要关闭的阀门，但是冷却水系统如果没有应急措施而停止工作，就会对设备造成严重损害。电子束炉所用的冷却水包括内部冷却水、外部冷却水和紧急供水。

熔化过程中内部冷却水和紧急供水正常，即使外部冷却水突然停止循环，短时间不会有太大问题。但是如果熔化过程中突然停电，冷却水泵无法工作，整个水冷系统将无法运行，大量的熔化热量很快会使坩埚、冷床等与高温物料直接接触的部件严重变形、损坏，造成整个系统无法运转，而且油增压泵和扩散泵因得不到冷却还存在爆炸的潜在危险。

目前，普遍的应急措施是将电子束炉的紧急供水系统连接到独立于外部冷却水之外的专门供水系统上，或者给冷却水水泵配备应急电源。另外，电子束炉在熔化过程还会出现漏水情况，根据漏水程度系统会有一些相应的互锁保护。但是炉内漏水会产生大量蒸汽，使真空瞬间降到很低，甚至炉内压力高于大气压，这样就存在爆炸的潜在危险。为了防止发生爆炸，电子束炉还配有防爆、泄爆口，在炉内压力过大时自动打开。所以在设备的日常维护和使用中，必须严格检查，认真保养设备，防止漏水现象发生，并确保防爆、泄爆口的功能正常。

(7) 红外加热炉

红外加热炉是用红外波段的电磁波进行加热，所使用的红外线热源有卤素灯(例如，碘钨灯)等(实际上电阻炉在本质上也属于红外加热炉)。由于红外线的波长短，所以穿透能力差，因此只能被物料表面所吸收。红外线加热的原理是物料表面接受到红外线辐射能升温后再以热传导的方式向其内部传热。红外加热炉可以用于原料的干燥，材料的合成、烧结，单晶制备等。用红外加热炉生长单晶时，所使用的炉腔一般由椭球体状的反射镜构成。在椭球体的两个焦点上，分别放置光源和原料棒，由炉腔将光线反射聚焦在原料棒上，使其局部熔化，然后边旋转边沿垂直方向移动，随着熔化区的移动而结晶成为单晶体。因为不使用坩埚，所以不易污染，因此生长出的晶体其径向组成变化小，并且能在可控制的气

筑中生长。但是，红外加热炉难以生长出直径较大的晶体。

(8) 太阳能高温炉

太阳的表面温度约为6000℃，其内部温度更是高达4×10^7℃以上。每年地球从太阳辐射能中获得的能量，比地球上目前人们利用各种能源所产生的全部能量之和还要大出2×10^4倍。到达地球表面的太阳辐射能量很大，但是这能量是分散在地球上广大的地区，太阳能到达地球表面的数值也取决于天气条件(云量)、季节(冬季时到达的量最少)和地理纬度，而且在一天24h之内接收到的太阳能密度不连贯，太阳能利用已经成为一个研究的热点。为此，人们开发了各种不同用途的太阳能利用装置，在材料制备领域的太阳能高温炉就是其中之一。例如，利用太阳能高温炉制备石英玻璃坩埚、石英玻璃管、一些高折射率玻璃，利用太阳能高温炉制备特种陶瓷，研究硅酸盐、硼化物、碳化物、氮化物等材料的高温性能，制备一些单晶等。据称，太阳能高温炉最高可产生3500℃的高温。另外，太阳能高温炉内没有电场、磁场和烟气的干扰，因此在材料的加热和冷却过程中，甚至极高温度时都能清楚地观察到试样。

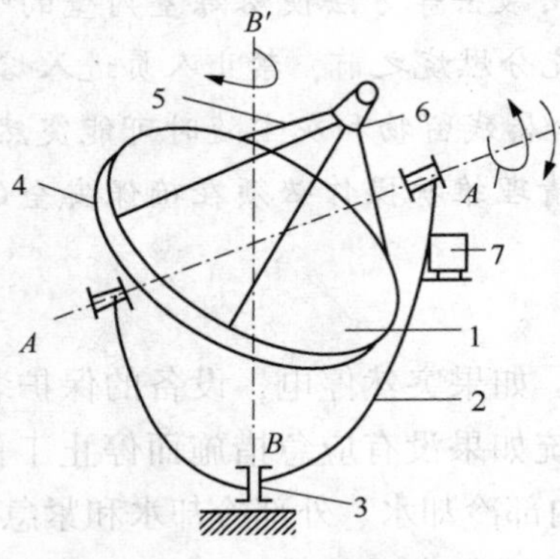

图3.28　太阳能高温炉的工作原理

1—抛物面反射聚光镜；2—支撑叉(上部安装镜子固定环)；3—底部中央支撑；4—镜子的固定环；5—支持器；6—受热器；7—控制和调速所用的自动装置

图3.28为某太阳能高温炉的工作原理。如果在其焦点区域安置一个透明罩子，它就能在所需的任何气氛和任何压强下工作。一般的太阳能高温炉是让太阳光直接射到其(抛物面)反射聚光镜上，而反射聚光镜是跟着可视太阳的运动而转动。但是，也有一些太阳能高温炉的主镜(抛物面反射聚光镜)是不动的，而是让太阳光先照射到一个可自动控制转动的日光平面反射镜上，再反射到固定的主镜上。就太阳能高温炉的制造和使用而言，磨制镜面的造价以及镜面的维修费用等都是随着镜面尺寸的增大而急剧增加。

3.2.3.3　职业危害

(1) 高温危害

由于烧结炉都涉及到高温，所以要预防高温烫伤。

(2) 高温中暑

由于烧结车间温度较高，在这种条件下，工人有时会出现高温中暑现象。轻度的中暑常出现大量出汗、口干舌燥、全身无力、头晕目眩、注意力不集中等症状。严重时会发生恶心呕吐、血压下降、脉搏细弱而快，甚至出现昏倒或痉挛等情况。

(3) 电磁辐射

烧结炉中有些采用工频电磁炉和其他电弧炉等，要预防电磁辐射对人体的伤害。

(4) 有毒有害气体及物质危害

因为烧结过程中有时会有腐蚀性和一些挥发性气体产生，这些挥发的气体中可能含铅、镉、镍、铬、铝、镁、铁、铜、钴、锰、锑等重金属化合物和有毒元素，不同体质的人就可能产生不同的反应，如果防护不当，这些气体和物质会通过口、鼻进入人体；在人体积聚过量，就会造成伤害。轻者引起超标，严重者还会导致中毒。

3.2.3.4 防护措施

(1) 安全操作规程

在成型操作过程中，操作人员应该按照工艺管理规程、各岗位操作法、自动控制手册和安全规程，认真地进行操作和维护好设备，保证设备安全运转，避免和杜绝任何事故。

(2) 安全管理措施

工作前，应穿戴好规定的防护用品，口罩和手套。成型机运转过程中，严禁清理、修理设备，更不得将手或头伸入靠近观察。噪声较大时，应安排短时间的工间休息。这些都可以有效的避免危险的产生。

(3) 一些有效的防护措施

① 高温危害，采取有效的保护措施非常重要。烧结炉会产生高温，应配备防护才可以打开炉门。

② 有毒气体的危害防范措施：气体中有害成分大多数是中重金属，为了避免重金属的对人体的危害，要做到工作时，必须佩戴口罩、手套，喝水的杯子要集中放在不会被污染的地方，下班后洗手离开。平常多喝水和牛奶。

4 塑料加工安全

4.1 塑料成型工艺

4.1.1 塑料的基本概念

塑料加工是指以树脂为主要成分适当加入填料、增塑剂及其他助剂(如着色剂、阻燃剂等)，在一定温度和压力下，可塑制成一定的形状并在常温下能保持既定形状的材料及其制品。

树脂是塑料最基本的、最重要的成分。树脂分为天然树脂和合成树脂。天然树脂有松香、虫胶、沥青等，合成树脂有聚氯乙烯、聚乙烯、聚丙烯、聚苯乙烯、聚酚胺、聚碳酸酯、酚醛树脂、聚氨酯、环氧树脂等。大部分塑料中还需加入各种助剂(也称添加剂)，用以改善塑料的加工性能和使用性能。助剂有增塑剂、稳定剂、润滑剂、填充剂、阻燃剂、发泡剂、着色剂等，助剂在一定程度上对塑料的力学性能、物理性能和加工性能的改善起重要作用，有些塑料也可不加任何助剂，如聚四氟乙烯塑料，这种塑料称为单组分塑料，其他则称为多组分塑料。

塑料的种类繁多，主要的就有几十种。按加热性质分类，可分为热塑性塑料和热固性塑料两种。

热塑性塑料：热塑性塑料加热时变软，甚至成为具有一定流动性的粘稠物质。此时具有可塑性，可塑制成一定形状的制品，冷却后硬化定型，若再加热，它又变软，可再加工成另一种形状的制品，冷却后又硬化定型。这样可反复变化多次。具有这种性质(常称为“热塑性”)的塑料，就称为热塑性塑料。聚氯乙烯、聚烯烃、聚苯乙烯、聚甲基丙烯酸甲脂、聚甲醛、聚酰胺以及聚碳酸酯等都是热塑性塑料。

热固性塑料：热固性塑料在加工时，起初也会变化，并具有一定的塑性，可制成一定形状的制件，但继续加热或加入固化剂后则随化学反应的发生而变硬(固化)，使形状固定下来不再变化(定型)。固化定型后的塑料，质地坚硬而不溶于溶剂之中，如再加热也不会软化和不具有可塑性，温度过高就会发生分解。具有这种性质(常称“热固性”)的塑料，就称为热固性塑料。酚醛塑料(电木)、脲醛塑料、环氧树脂以及不饱和聚酯等都是热固性塑料。

4.1.2 塑料的基本性能

塑料的产量大，应用广，这与它的优异性能是分不开的，它们的主要性能可归结如下：

① 质轻、比强度高。塑料质轻，一般塑料的密度在 0.9 ~2.3 g/cm^3之间，只是钢铁的 1/8 ~1/4，铝的 1/2。泡沫塑料则更轻。它的密度在 0.01 ~0.5 g/cm^3之间，材料强度与密度的比值称作比强度，有些增强塑料的比强度接近甚至超过钢材。

② 耐化学腐蚀性好。一般塑料对酸碱等化学药品均有良好的耐腐蚀能力，特别是聚四氟乙烯的耐化学腐蚀性能最好，甚至能耐"王水"等强腐蚀性电解质的腐蚀，被称为"塑料王"。此外，酚醛塑料也具有很强的耐蚀性。石棉酚醛塑料可制作盛浓硫酸和磷酸的化工容器。硬聚氯乙烯可以耐 90%的浓硫酸、各种浓度的盐酸和一定浓度的碱。

③ 电绝缘性能优异。几乎所有的塑料都具有优异的电绝缘性能，如极小的介电损耗和优良的耐电弧特性，这些性能可与陶瓷媲美。

④ 减磨、耐磨性能好。大多数塑料具有优良的减磨、耐磨和自润滑特性。许多工程塑料制造的耐摩擦零件就是利用塑料的这些特性。如用尼龙、聚甲醛制作的齿轮。

⑤ 透光及防护性能。许多塑料可以做成透明或半透明制品。如聚苯乙烯、聚甲基丙烯酸甲酯像玻璃一样透明，可用于仪器仪表的外壳。聚氯乙烯、聚乙烯、聚丙烯等塑料薄膜具有良好的透光性和保暖性，可用作农用薄膜、地膜等。

⑥ 易于成型加工。塑料通过加热(温度一般不超过 300℃)、加压(压力不高)，即可塑制成各种形状的制品。如管、板、薄膜及各种机械零件等，并使制品具有良好的精度。如果在成型前加一定量的着色剂，还可使制品带有鲜艳的颜色。

塑料尽管具有以上这些其他材料所不及的优良性能，但也有不足之处。例如，耐热性比金属等材料差，一般塑料的使用温度仅在 100℃以下，少数则可在 200℃左右使用；塑料由于受到大气中氧、臭氧、热、光的影响及机械作用会逐渐老化，性能不断破坏，甚至不能继续使用；塑料在载荷作用下，会缓慢地产生黏性流动或变形，即发生蠕变现象。另外，塑料的废弃物回收工作较为困难，易造成环境污染。塑料的这些缺点或多或少地影响或限制了它的应用。但是，随着塑料工业的不断发展和塑料材料科学研究的深入，这些缺点正被逐渐克服，性能优异的塑料和各种复合塑料材料正不断涌现。

4.1.3 塑料的用途

塑料已被广泛用于工业、农业、建筑、国防以及人们日常生活等各个领域。农业方面，大量塑料被用于制造地膜、育秧薄膜、遮阳网、大棚膜、排灌管道、鱼网等。工业方面，纺织工业广泛使用塑料来制作纺织配件，代替金属和木制品；医疗器械中广泛使用一次性塑料注射器、输液器；电子电气工业中用塑料制作绝缘材料；在机械工业中用塑料制成传动齿轮、轴承及许多零部件代替金属制品；化学工业中用塑料制造管道、各种容器和其他防腐材料；建筑工业广泛使用塑料制作防水材料、装饰装潢材料、塑料门窗、落水管、下水管、卫生洁具等；汽车工业中制造仪表板、保险杠、排风扇、油箱，常用来代替金属以减轻汽车重量。在国防工业中，无论是常规武器、飞机、舰艇，还是火箭、导弹、人造卫星、宇宙飞船和核武器等，塑料都是不可缺少的材料。在人们的日常生活中，塑料的应用更加广泛。如人们每天使用的牙刷、脸盆、肥皂盒、热水瓶壳、塑料凉鞋、拖鞋，还有雨衣、手提包、儿童玩具、家用电器(如电视机、收录机、电风扇和洗衣机的外壳，冰箱的内胆)等。在包装材料方面，塑料作为一种新型包装材料而被广泛使用。如各种中空容器、周转箱、桶、集装箱、包装薄膜、编织袋、瓦楞箱、泡沫塑料、捆扎绳和打包带等。

4.1.4 塑料成型方法

塑料工业生产系统包括塑料原料(指树脂或半成品及助剂)的生产和塑料制品的生产(也称“塑料成型”或“塑料加工”)两个相辅相成的生产系统。由化工原料制成树脂，又以树脂制成塑料再使其成为塑料制品的全部过程，即自原料至塑料制品的简单生产流程。成型是将各种形状的塑料(粉料、粒料、溶液和分散体)制成所需形状的制品或坯体的过程。它在四个过程中最为重要，也是塑料制成型材必不可少的生产过程。塑料的成型的方法很多，主要有挤出、注射、压延、层压等。

4.2 塑料成型安全技术

在塑料加工生产过程中，操作人员经常会接触到粉尘和毒物，经受高温和噪声，易发生触电和机械伤害事故，同时存在火灾和爆炸的危险，为了消除这些不安全因素，需加强作业安全。

4.2.1 原材料处理安全操作

树脂筛选过程中存在着很多不安全因素。树脂筛选，系指把树脂从袋中倒在筛子上面，通过筛子的振动，把所需原料筛到下面，大颗粒树脂或杂物留在筛子上面。在这一过程中，由于倒料和筛子的剧烈振动，致使体轻、粒细的塑料树脂到处飞扬，严重污染环境，危害操作人员的身体健康。同时又可能引起粉尘爆炸或燃烧。尤其是敞开作业，危险性更大。解决途径是采用负压上料，密闭筛选，或采取抑制粉尘飞扬及个人防护的措施。

要控制树脂加热速度，因为聚合物热传导的传热速率很小，加热或冷却都比较困难。如果加热速度过快，会造成局部温度过高，以致聚合物分解甚至能放出一些有毒气体，影响生产，污染环境，危害操作者健康。在冷却时，如果冷却速度过快，会使聚合物内部造成内应力，降低其物理性能，如弯曲强度、拉伸强度等。

塑料捏合操作中，对于硬质聚氯乙烯塑料的捏合，重点是防止粉尘飞扬，因此，使捏合设备从低速、开放、间歇操作发展成为高速、密闭、连续操作，是一项重要的安全措施。生产一般聚氯乙烯制品(非食品级)时要注意劳动保护，加强通风、除尘，特别要注意防止残留树脂中的氯乙烯单体和有毒助剂(如铅尘等)等对人体的侵袭。生产无毒聚氯乙烯制品时应注意现场清洁卫生，严防垃圾、杂质和毒物混入制品。

4.2.2 开炼机安全技术

开炼机是开放式炼塑机的简称，它是塑料橡胶传统的加工设备之一。由于是开放式的敞开作业，粉尘、毒气和高温对操作人员的健康影响比较大，操作人员的劳动强度大。但是，由于它的结构简单，操作容易，清理方便，塑化效果好，至今仍在广泛使用。

4.2.2.1 开炼机结构

主要工作部件如图 4.1 所示是两异向向内旋转的中空辊筒或钻孔辊筒，装置在操作者一面的称作前辊，可通过手动或电动方式作水平前后移动，借以调节辊距，适应操作要求，后辊则是固定的，不能作前后移动。两辊筒大小一般相同，各以不同速度相对回转，生胶或胶料随着辊筒的转动被卷入两辊间隙，受强烈剪切作用而达到塑炼或混炼的目的。

开炼机结构简单，制造比较容易，操作也容易掌握，维修拆卸方便，所以，在塑料橡胶制品企业广泛应用。不足之处是工人操作体力消耗很大，在较高温度环境中需要用手工混炼翻动混炼料，而手工翻转混炼塑料片的次数多少对原料混炼的质量影响较大。

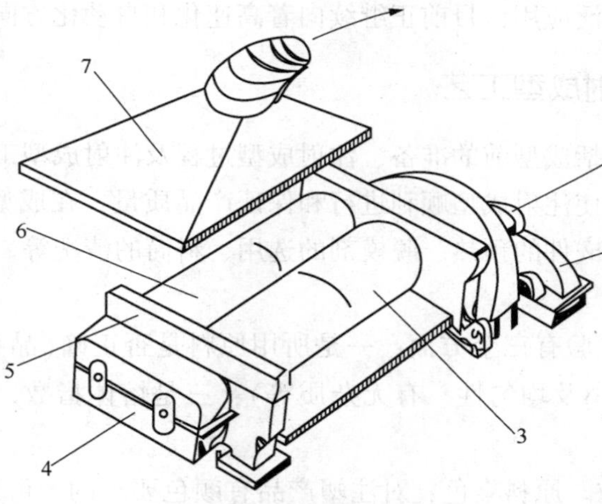

图 4.1 开炼机结构示意图

1—电动机；2—减速箱；3—前辊；4—齿轮罩；5—机架；6—后辊；7—排风罩

4.2.2.2 开炼机安全操作

首先是做好准备工作，投料前对胶料也应检查，若混有硬的金属杂物，随胶投入炼胶机，致使横压力突然加大，易造成设备损坏。由于开炼机是在敞开情况下进行作业，异物容易混入料中，进入两辊之间，损坏辊面以及由于操作不当会引起严重过载事故，为防止严重设备事故的发生，必须安装设备保险装置。开炼机的保险装置一般同调距装置相连，可采用安全片和液压保护结构。安全片保险是当两辊间落入硬物时，发生过载，在螺杆的作用下使安全片受到过大的剪切力，当剪切力大到一定程度时，安全片被剪断，从而使辊距开大，可避免设备损坏，但拆卸和更换安全片比较麻烦。液压保险是当发生过载时，使油缸中的油压升高，达到预先调定值，通过液压继电器来实现自动停机，同时采用反转或放大两辊之间距离的办法排除故障，便可开机启动。

由于开炼机是敞开作业，操作人员的手或衣服，在操作不慎的情况下会被料带入两辊之间，从而发生人身事故。所以开炼机必须装有紧急刹车安全装置。紧急刹车安全装置的操纵位置，要设在方便操作、醒目的地方。为了确保人身安全，要求制动作用后，辊筒回转不得超过1/4圈。

4.2.3 塑料注射成型安全技术

注射成型是将粒状或粉状原料经注射机的料斗送入料筒内，加热熔融塑化后，在柱塞或螺杆加压下，物料被压缩并向前移动，通过料筒前端的喷嘴，以很快的速度注入温度较低的闭合模具内，经过一定时间的冷却定型，开启模具即得制品。

注射成型能一次成型出外形复杂、尺寸精确或带有嵌件的塑料制件；几乎能加工所有热塑性塑料和某些热固性塑料；生产周期快，生产效率高；易于实现自动化；所成型的制件经过很少修饰或不修饰就可满足使用要求。因此，注射成型工艺得到了广泛地应用，其成型制品占目前全部塑料制品的20%~30%。注射成型是一种比较先进的成型工艺，注射成型工艺和注射机得到了广泛应用，目前正继续向着高速化和自动化方向发展。

4.2.3.1 塑料注射成型工艺

注射成型工艺过程包括成型前的准备、注射成型过程及注射成型工制件的后处理。

成型前的准备。为了使注射成型顺利进行和保证产品质量，在成型前有很多准备工作，具体有原材料的预处理、嵌件的预热、脱模剂的选用、料筒的清洗等。

(1) 原材料的预处理

① 原料检验。原料检验有三个方面：一是所用原料是否正确(品种、规格、牌号等)；二是外观(色泽、颗粒大小及均匀性、有无杂质等)；三是熔体指数、流动性、热稳定性、含水指标等。

② 原料的染色和造粒。原料染色，对注塑产品有颜色要求的，可加适量的色母料，也可加适量的颜料，按一定比例拌匀。但柱塞式注射机应进行造粒染色后再使用，否则制品染色不均匀。

③ 粒料的干燥。因塑料原料所含水分会使制品出现银丝斑纹和气泡等缺陷，严重时会使高分子分解。对易吸湿的塑料如聚碳酸酯、聚酰胺、聚甲基丙烯酸甲酯等，成型前对这些粒料必须进行干燥。聚苯乙烯及ABS等，虽吸湿性不强，但一般也要干燥处理。聚乙烯、聚丙烯、聚甲醛等，只要储存、包装良好，一般可不予干燥处理。

干燥的方法较多，应根据粒料性能、生产批量和具体干燥设备条件进行选择。热风循环烘箱和红外线加热烘箱干燥适用于小批量生产干燥粒料用，真空烘箱干燥适用于易高温氧化变色的粒料干燥，如尼龙粒料；沸腾干燥和气流干燥适用于大批量生产时的粒料干燥。

(2) 料筒的清洗

在生产中，改变粒料品种、调换颜色或料筒内发生塑料分解时，都需要清洗料筒。柱塞式注射机清洗时必须拆卸清洗。螺杆式注射机料筒的清洗通常采用直接换料清洗，一般采用加热料筒清洗法，清洗料常用欲换塑料原料或料筒清洗剂加入料筒塑化，然后进行对空注射来清洗料筒。

（3）嵌件的预热

有些塑料制品中设置有金属嵌件，为确保制品质量，嵌件应在110~150℃温度范围内预热，对带有镀层的嵌件，其预热温度应以不损伤镀层为限。经预热的嵌件在成型前放置在模具内相应的位置上。

（4）脱模剂的选用

脱模剂是使塑料制件容易从棋具中脱出而涂在模具表面上的一种助剂。常用的有硬脂酸锌、白油和硅油。

除聚酰胺外，一般塑料均可使用硬脂酸锌。白油作为聚酰胺脱模剂，效果较好。硅油润滑效果好，但价高，使用复杂，需要配制成甲苯溶液，涂抹在模腔表面，经加热干燥后方能显示优良的效果。无论使用哪种脱模剂都应适量，过少没有脱模效果；过多或涂抹不均会使制品透明度下降，制品混浊，出现毛斑。

注射成型过程。注射成型过程表面上看有加料、塑化、充模保压、冷却和脱模等几个步骤。但实质上只是塑化、注射和模塑三个过程，下面分别进行叙述。

（1）塑化

塑化是注射模塑的准备过程，该过程是指加入加料斗的粒料，进入已加热达到预定温度的料筒，经螺杆旋转(或柱塞推挤)输送，在一定预塑背压下，熔融塑化定量(足够充满模腔)形成熔化均一的物料，供注射使用。其塑化质量(塑化均匀性、良好的流动性)和预塑化量取决于料筒温度、喷嘴温度、螺杆转速、预塑背压、计量装置等。

（2）注射

塑化良好的熔体在螺杆或柱塞推挤下注入模具的过程称注射。熔体自料筒注射入模腔需要克服一系列的流动阻力，即熔体与料筒、喷嘴，浇注系统和模腔的外摩擦及熔体的内摩擦。同时还要对熔体进行压实，因此所用注射压力很高。

（3）模塑

该过程从塑料熔体进入模具开始，经过模腔注满，熔体在控制条件下冷却定型，直到制件从模腔中脱出为止称模塑。

模塑过程可分为充模、压实、倒流和浇口冻结后的冷却四个阶段。在此过程中，塑料熔体的温度将不断下降。

① 充模阶段。从柱塞或螺杆开始向前移动起到塑料熔体充满模腔为止。压力从零达到最大值，充模压力与充模时间有关，充模时间长(慢速充模)，需较高充模压力，反之所需压力较低。

② 压实(保压)阶段。从熔体充满模腔起到柱塞成螺杆撤回为止。这段时间内，熔体受到冷却而发生收缩，在柱塞或螺杆的稳压下，料筒内的熔体向模腔内继续流入以补足因收缩而留出的空隙，以使制件密实。此时压力略有下降或保持压力不变，因此，又称保压阶段。

③ 倒流阶段。这一阶段从柱塞或螺杆后退时开始到浇口处熔体冻结为止。这时模腔内的压力比流道内高，会发生熔体的倒流，而使模腔内压力迅速下降。若柱塞或螺杆后退时

浇口处已冻结，或喷嘴中装有止逆阀，倒流阶段就不存在，因此，倒流的多少是由压实阶段的时间决定的。

④ 冷却阶段。从浇口的熔体完全冻结起到制品从模腔中顶出为止。这阶段模内塑料继续进行冷却，以免脱模时制品变形，模内塑料的温度、压力和体积均有变化，到脱模时，模内尚有残余压力，残余压力接近零时，脱模才能顺利，并获得满意产品。

制件的后处理。制件的后处理，指制件脱模后，对制件的修饰、退火处理和调湿处理。以满足制品表观质量、尺寸精度和力学性能的要求，主要包含以下几个方面。

(1) 制件的修饰

制件修饰有以手工或机械加工除去制件毛边、浇口和进行某些修正。有些制品带加工孔、槽等，以满足使用要求。有些制品表面需涂层(如镀金属、喷漆等)装饰，有的需印刷等。

(2) 退火处理

为减小制品存在较大的内应力，可对制品进行退火处理，以保证制品的质量。退火处理的方法是将制品置于一定温度的液体介质(如热水、矿物油、甘油、乙二醇、白油等)或热空气循环烘箱中一段时间，然后缓慢冷却至室温。温度和热处理时间取决于塑料品种、制件形状和注射工艺条件。

(3) 调湿处理

聚酰胺类塑料制品在高温下与空气接触时常会氧化变色，它又易吸收水分而膨胀，使尺寸变化，需长时间才能稳定。因此，对制品进行调湿处理，即将刚脱模的制件放在热水中进行处理。热水温度一般为100~120℃，热变形温度高的取上限，低的取下限。调湿处理时间取决于制品形状、厚度和结晶度的大小。调湿处理可使制品隔绝空气，防止氧化，加快吸湿平衡，使尺寸稳定。

聚酰胺制品进行调湿处理，只需将制品放置在水或醋酸钾溶液中，控制其温度为90~110℃，而后按制品厚度大小决定处理时间的长短，以达到吸湿平衡。过量的水分还能对聚酰胺起着类似增塑的作用，从而改善了制品的柔韧性，提高冲击强度和拉伸强度。

4.2.3.2 塑料注射成型设备

近年来塑料注射成型机发展很快，种类日益增多，分类的方法也很不一样。按注射容量的大小可分为小型、中型、大型注射成型机。按机型外表特征可分为卧式、立式、角式、多模式(即转盘式)注射成型机。按塑化方式和注射方式可分为柱塞式、螺杆式和螺杆预塑柱塞式注射成型机。按用途可分为多用途和专门用途注射成型机。专门用途的注射成型机中又分为热固型、排气式、发泡、多色、转盘式和玻璃纤维增强塑料注射成型机。

注射机主要有四部分组成，包含了液压传动装置、合模装置、注射装置、电器控制系统，图4.2显示了塑料注射成型机的结构。

(1) 注射装置

注射装置基本形式主要有柱塞式、螺杆式和预塑化式(螺杆预塑化式及柱塞预塑化式)。在此只介绍前两种。

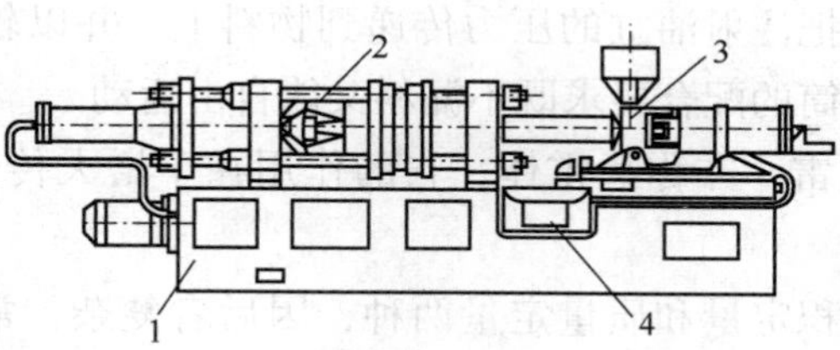

图 4.2 塑料注射成型机的结构

1—液压传动装置；2—合模装置；3—注射装置；4—电器控制系统

① 注射装置的组成

柱塞式注射装置：柱塞式注射装置是由定量加料装置、塑化部件、注射油缸、注射座移动油缸等组成，如图 4.3 所示。

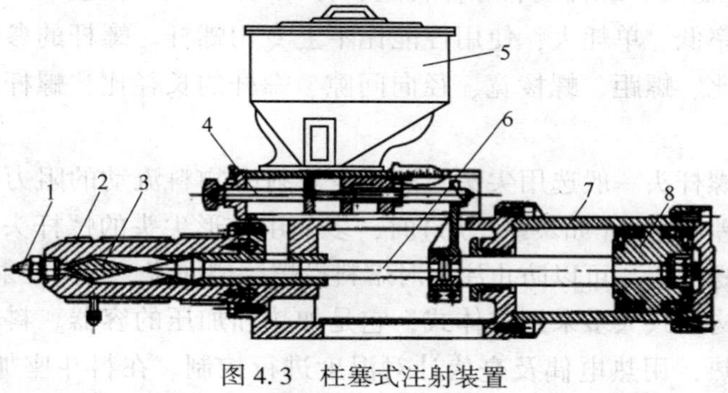

图 4.3 柱塞式注射装置

1—喷嘴；2—加热器；3—分流梭；4—计量装置；5—料斗；6—柱塞；7—注射油缸；8—注射活塞

加入料斗中的物料，经过定量计量装置，将每次注射所需一定数量的物料送入料筒加料室，由注射油缸活塞推动柱塞前进，将加料室中的物料推向料筒前端熔融塑化。熔融物料在柱塞向前移动时，经过喷嘴注入模腔。注射座移动油缸按需要可以驱动注射座做往复运动，使喷嘴与模具接触或分离。

螺杆式注射装置：螺杆式注射装置是由塑化部件、料斗、螺杆移动装置、注射油缸、注射座移动油缸等组成。螺杆在传动装置的驱动下转动，物料从料斗经螺杆不断向前输送，在加热装置的加热以及螺杆的剪切、混炼作用下，使物料逐渐均匀地塑化熔融。同时，螺杆在螺杆头部熔料压力的作用下向后移动，退到一定位置，计量装置计量使螺杆停止转动。注射时，螺杆端部直接作用于熔料上，并以一定的压力和较高的速度将熔料注入模腔。

在注射座下面的移动油缸可使注射座沿注射架的导轨作往复运动，使喷嘴和模具能紧密地吻合或离开。

② 塑化部件

塑化部件是注射装置的主要部件，下面分别介绍柱塞式塑化部件和螺杆式塑化部件。柱塞式塑化部件由加热料筒、柱塞、分流梭和加料计量装置组成。

加热料筒：它是一个外部受热、内部受压的高压容器，并分为加热室和加料室，作用是完成对物料的塑化和对熔料的注射。

柱塞：柱塞的作用是把注射油缸的压力传递到物料上，并以较快的速度将一定量的熔料注射入模腔。柱塞与料筒的配合要求既不漏料又能自由运动。

分流梭：其形状似鱼雷，亦称鱼雷体，它的作用在于增大传热面积，缩短塑化时间，提高生产能力。

加料计量装置：有容积定量和质量定量两种，因后者复杂，常用容积定量。空料从料斗落入由计量装置的固定板和推料板组成的装料空间，在注射时，借助于固定在注射油缸活塞上的传动臂的推动，而将一定量的塑料加入到加料室中。加料量的调节，可通过调节螺母来完成。

往复式塑化部件有螺杆、螺杆头、料筒、注射喷嘴等。

螺杆：与挤出机螺杆相似，有渐变螺杆和突变螺杆。还有介于两者之间的通用螺杆，通过调整工艺条件(温度、螺杆度、螺杆转速、背压)来满足不同塑料的要求，以免频繁拆螺杆，但其塑化效率低、单耗大，使用性能比不上专用螺杆。螺杆的参数有螺杆直径、螺杆的行程与直径之比、螺距、螺棱宽、径向间隙、螺杆的长径比、螺杆的压缩比、螺槽深度、压缩比等。

螺杆头：注射螺杆头一般选用尖头，以减少注射时物料流动的阻力。尤其是在加工高黏度、热稳定性较差的塑料(如聚氯乙烯)时，多采用锥形尖头的螺杆头，对于黏度较低的塑料可采用止回环螺杆头，可以防止注射时熔料沿螺纹槽回流，提高注射效率。

料筒：料筒结构形式大多采用整体式，它是加热和加压的容器。料筒外部加热采用加热圈，进行分段加热，用热电偶及毫伏计对温度进行控制。在料斗座加料口处进行冷却，以顺利进料。

喷嘴：喷嘴是连接料筒与模具的部件。熔融的塑料在螺杆或柱塞的推动下以很高的压力和较快的速度通过喷嘴进入模腔。喷嘴基本分成三类，即开式喷嘴、关式喷嘴和特殊喷嘴。

a. 开式喷嘴：开式喷嘴又称直通式喷嘴、通用型喷嘴，它结构简单，制造方便，压力损失小，外部不用装置加热器。适合加工高黏度塑料，如聚氯乙烯、聚碳酸酯、聚砜、聚苯醚等。加工低黏度塑料易产生“流涎”现象。延伸式喷嘴是一种改进形式，形状较长，外部需加热装置，但仍有“流涎”现象，因此，不适宜加工低黏度塑料。

b. 关式喷嘴：也称弹簧自锁式喷嘴，它依靠弹簧力，压合喷嘴体内的阀芯实现自锁。这种喷嘴使用方便，可以杜绝“流涎”现象，但结构复杂，注射压力损失大，射程短，伸缩作用小。可以加工低黏度塑料，如尼龙等。

c. 特殊用途的喷嘴：它流道短，喷嘴直接与成型模腔接触，注射压力损失少，用于加工聚乙烯、聚丙烯等热稳定性好，熔融范围较宽的塑料。

另外，还有用于柱塞式注射机的混色喷嘴，是在流道中设置了双过滤板，可使混色均匀。

喷嘴头一般都是球形，很少做成平面形。模具主浇道衬套的凹面圆弧直径比喷嘴头球面圆弧直径稍大，亦可二者直径相等，使喷嘴与模具很好地接触。

③ 传动装置

螺杆的传动方式可分为无级调速和有级调速两类。无级调速，主要有液压马达和调速电机传动；有级调速，主要有定速电机经变速齿轮箱传动。实际中应用最普遍的是液压马达和电动机-变速齿轮箱两种传动。

(2)合模装置

合模装置主要是由定模板、动模板、拉杆、油缸、连杆及调模机构、制品顶出装置等组成。

合模装置的作用主要有：实现模具的开启闭合；在注射和冷却时将模具牢牢锁紧，防止制品溢边而影响质量；实现制品的平稳顶出。

① 合模装置的种类有机械式、液压式和机械液压式，下面简单介绍后两类。

a. 液压式合模装置

这种合模装置是依靠液体的压力经油缸和活塞直接实现模具的启闭和锁紧作用的。当液体压力撤除后，合模力随即消失。属于液压合模装置的有单缸直压式、增压式、二次动作液压式合模装置。单缸直压式合模装置较难满足注射机对合模装置的要求。增压式合模装置一般在中小型注射机上采用。二次动作液压式合模装置较为理想，能缩短生产周期，保护模具，降低能量消耗。

液压式合模装置具有结构简单，模板间距大，能够加工制品高度范围较大。动模板可在行程中任意位置停留，因此，调节模板间距离十分简便。调节油压，就能调节锁模力的大小，并能直接读出，操作方便。但液压系统管线多，难免渗漏，所以锁模力的稳定性差，从而影响制品质量。管线、阀件等维修工作量大。

b. 液压-曲肘合模装置

液压-曲肘合模装置是利用肘杆机构运动特性和力放大特性，采用较小的液压油缸驱动来实现模具的速度要求和锁模力的要求。常见的液压-肘杆式合模装置有单曲肘、双曲肘，曲肘撑板式以及其他特殊型。

液压-曲肘合模装置具有增力作用、自锁作用，模具闭合稳定、可靠。模板的运动速度从合模开始到终了是变化的，即慢-快-慢，开模时运动速度则相反，启闭模具时比较平稳。但肘杆机构复杂，且要求有高的刚性和耐磨性。

综上所述，液压式合模装置和肘杆-液压式合模装置都具有各自的特点，在中小型注射机上，上述各种形式都有应用，不过相对来说，液压-肘杆式多一些。而大中型则相反，液压式采用较多。

② 调模机构

调模机构是为适应不同厚度模具的要求而设置的，调模行程确定了模具最大厚度和最小厚度。对于不同的合模装置，其调模机构的调模方式也不一样。

液压式调模装置的调模机构：液压式合模装置的动模板是直接固接在油缸活塞杆或缸体上的，因此，动模板的行程由工作油缸行程决定。调模机构是利用合模油缸来实现的，调节模板间距离十分简便。

液压-肘杆式合模装置的调模机构：液压-肘杆式合模装置，由于模板行程不能调节，为适应模具厚度变化的要求，即固定模板和移动模板之间的距离(指闭模状态)应能调节，因此，必须另设调模机构。

③ 顶出装置

顶出装置是为顶出模内制品而设的。顶出装置可分为机械顶出、液压顶出和气动顶出三种。

机械顶出：顶杆固定在机架上，它本身不移动，在开模时与动模形成相对运动，顶杆穿过移动模板上的孔而达到模具顶板，将制品顶出。

液压顶出：是由专门设置在动模板上的顶出油缸来实现的。顶出力量、速度和时间都可通过液压系统来调节，而且可以自行复位，能在开模过程中以及开模后顶出制品，并能适应多种场合，目前应用十分广泛。

气动顶出：利用压缩空气作动力，通过模具上设置的气道和微小的顶出气孔，直接把制品从型腔中吹出。此法简单，对制品不留痕迹，对盆、壳等制品顶出十分有利。

一般小型注射机使用机械顶出，较大的注射机同时设有机械顶出和液压顶出，可根据需要选用。

(3) 液压系统和电器控制系统

现代注射机多数是由机械、液压和电气组成的机械化、自动化程度较高的综合系统，可保证注射机按工艺过程预定的要求(压力、速度、温度和时间)和动作程序(合模、注射、保压、预塑和冷却、开模、顶出制品)准确、有效地工作。

① 液压系统

由各种液压基本回路、各种液压元件和液压辅助元件所组成。其作用是为实现注射机按工艺过程所要求的各种动作提供动力，并满足注射机各部分所需力、速度的要求。

液压装置可以装在机身内或其他适合的地方，安装方便，结构紧凑，噪声小，节约能源。它与电器控制系统配合，可以实现注射机自动化。

② 电器控制系统

电器控制系统主要由各种电器元件、仪表动作程序回路、加热、测量、控制回路等组成。它与液压系统配合，正确无误地实现注射机的工艺过程要求和各种动作程序。注射机的整个操作由电器系统控制，操作方法有全自动、半自动、手动等。

4.2.3.3 塑料注射成型设备安全操作

由于注射座的移动或不移动，就有三种不同的加料方式，即固定加料、前加料及后加料，以适应多品种的加工需要。

固定加料是机器在工作中，喷嘴始终同模具接触，注射座固定不动。这种方法比较适合于加工温度较宽的塑料(如软聚氯乙烯等)。

前加料是指每次工作循环中，注射座整体要作往复运动，整体退回是在螺杆预塑定量之后。在使用开式喷嘴或需要较高背压进行塑化的场合，为减轻喷嘴的“流涎”现象，一般使用此方法。

后加料是注射座整体退回之后，才进行螺杆预塑定量，适合于加工结晶性塑料。该方式喷嘴与温度较低模具接触时间短，喷嘴是自锁式的。

注射机的操作有点动(调整)、手动、半自动和全自动四种方式。

① 点动：是机器所有的动作都必须在按住相应按钮开关的情况下慢速进行，放开按钮即停止。点动适合于装卸模具、螺杆和检修机器时用。

② 手动：按动相应的按钮，便进行相应的动作并进行到底，不按动就不进行动作。该方式在试模或生产开始阶段，或自动生产困难时使用。

③ 半自动：将安全门关闭之后，工艺过程中的各个动作按照一定的顺序自动进行直到打开安全门取出制品为止。这实际上是将一个注射过程实现了自动化，是生产中常用的操作方法。

④全自动：机器全部动作过程都由电器控制。

注射机的开车前的准备工作，要做到以下几点：

① 开车前需要做好各项检查工作。

- 检查电源电压是否与电器设备额定电压相符，否则应调整，使两者相符。
- 检查各按钮、线路、操作手柄、手轮等有无损坏或失灵现象，各开关手柄应在“断的位置”。
- 检查安全门在轨道上滑动是否灵活，开关能否触动限位开关。
- 检查各冷却水管接头是否可靠，试通水正常否，防止渗漏现象。
- 检查喷嘴是否堵塞，并调整喷嘴与模具位置。
- 检查料斗有无异物。

② 打开润滑开关或将润滑油注入各润滑点。

③ 对料筒进行预热，在达到所需温度后，恒温0.5h，使各点温度均匀，冬季应适当延长预热时间。

④ 对已安装的原模具，开启模具抹净模腔内的黄油，必要时再用汽油或酒精抹净，模具导柱也必须抹净并加入少许机油涂均。

⑤ 如模具需要加热，一般在料筒开始加热0.5~1h后，就应开始对模具加热。

⑥ 料筒加料口冷却水套通水冷却。

注射机的开车及注射机运转按下列顺序进行：

① 接通电源，启动电机。油泵开始工作后，应打开油冷却器冷却水阀门，对回油进行冷却，防止油温过高。

② 油泵进行短时间空车运转，待正常后关闭安全门，采用手动关门，并打开压力表，观察压力是否上升。

③ 空车时，手动操作机器空运转几次，检查安全门的作用是否正常，指示灯是否及时亮熄，各控制阀、电磁阀动作是否正确，调速阀、节流阀的控制是否灵敏。

④ 将转换开关转至点动位置，检查各动作反应是否灵敏、正常。

⑤ 进行半自动操作试车，空车运转几次。

⑥ 进行自动操作的试车，检查运转是否正常。

⑦ 检查注射机计数装置及报警装置是否正常、可靠。

⑧ 加料塑化时，每次加料量宜从少到多，直至加到适合制件质量为止。同时每次时间

的确定先用手动操作至制件质量合格，然后校正时间控制进行半自动或全自动生产。

除突然事故(如停电)停车外，正常情况下停机应注意按下列程序进行：

① 提前10~15 min，关闭料筒的电热器。

② 如果模具是加热的，停止注射后，应通水冷却。

③ 料筒加料口、液压油冷却装置、固定模板等应继续通水冷却10 min左右。

④ 如果停机时间长，或需要调换模具，则必须在模腔内均匀地涂上防锈油，以免模具在存放过程中锈蚀损坏。

⑤ 保养清洁注射机，注意抹净后再加油。

注射成型机在生产中常见的设备事故有以下几个方面：

① 润滑不良，容易造成运动机件的卡死现象，以致使零件产生不良磨损，影响机器精度或正常工作。

② 合模系统肘杆机构的间隙中，容易迸入其他物件，造成事故。

③ 模腔中存有制品、残留物，或嵌件位置安放不当，容易造成模具损坏等事故。

④ 由于料粒中混入硬物等，容易引起螺杆剪切力过载，造成螺杆，运动零件损坏或电流过载损坏电器元件等事故。

⑤ 电器元件、液压元件作用失灵，引起机器误动作，造成设备或人身事故。

⑥ 管路，元件等漏气或泄油过多，使油箱内存油量小于额定数量，发生油泵在工作状态吸入空气，造成油路中汽油现象，使液压系统产生振动、噪声、爬行等故障，影响工作。

⑦ 油污严重，产生阻塞阀孔或油路现象，造成不动作，甚至误动作。损坏设备或发生人身事故。

⑧ 由于环境气温的影响和工作过程中引起油温过高，使油液黏度改变，产生不正常的泄油现象，对油路压力、速度，流量造成不良影响或使阀件动作失灵等。

塑料注射成型时易发生的主要安全问题如下：

(1) 轧伤事故

在塑料注射成型机生产过程中，为了取出制品，安装、调试或修理模具，放入嵌件，摆正物件等，操作人员的手或身体常进入打开着的模具工作部位，往往由于误触动保险开关，或电器、液压元件失灵，突然造成闭模，从而发生轧伤事故，这类人身事故最多，伤害也较严重。

(2) 烫伤

① 由于模具安装不正确，或设备本身存在问题，造成模具分型面间出现不应有的缝隙，在注射时，高温熔料从此喷出伤人。

② 立式柱塞注射成型机在热机停注时间过长时再进行注射，由于过热而分解的塑料，常因喷嘴处的堵塞，引起爆发性的喷溅，不是从喷嘴处，而是从料斗处飞溅伤人。

③ 喷嘴与模具浇口吻合不良时，熔料容易从缝隙中喷出伤人。

(3) 砸伤

通常发生在装卸模具和维修设备时，特别是在无起重设施的情况下，装卸大型模具时，易发生砸伤人体、手、脚等事故或发生砸坏设备的事故。

（4）触电

电气失修、破损、绝缘破坏、漏电或安全装置失效，安全接地或接“0”被破坏，以及使用不安全的电动工具维修设备时，易产生触电事故。

（5）尘毒和噪声

粉状塑料由于料细质轻，在上料、筛选、计量、捏合、造粒过程中，粉尘飞扬严重。原料在加热塑化过程中，特别是过热时，使塑料分解，使增塑剂、稳定剂等添加剂挥发，散发有毒气体而影响工人健康。

运动部件配合不好或产生撞击，液压系统内混入空气，以及采用以撞击法锁模或启模的操作中，都会产生噪声，影响操作人员的健康。

（6）其他伤害

皮带咬伤、制品修整时的割伤、滑倒碰伤以及粉尘、挥发气体、油烟和雾等的伤害以及燃烧爆炸等的伤害。

4.2.4 塑料挤出成型安全技术

在挤出机中，塑料在一定温度和一定压力条件下熔融塑化，使之通过具有一定形状的口模而成为截面与口模形状相仿的连续体，然后通过冷却定型，得到所需的制品。这种方法称挤出成型或称挤塑。

挤出成型是塑料成型加工的重要成型方法之一。大部分热塑性塑料都能用此法进行加工。与其他成型方法相比，挤出成型有下述特点：生产过程是连续的，生产效率高，应用范围广，能生产管材、棒材、板材、薄膜、单丝、电线、电缆、异型材以及中空制品等，投资少，收效快。用挤出成型生产的产品广泛地应用于人民生活、农业、建筑业、石油化工、电子及电讯工业、机械制造、医疗卫生、国防工业、汽车、飞机、船舶工业等部门。

4.2.4.1 塑料挤出成型工艺

挤出成型可加工的聚合物种类很多，制品更是多种多样，成型过程也有许多差异，按照成型过程的不同，可将其分为挤出造粒、管材挤出成型、板材和片材的挤出成型、薄膜的挤出成型和异型材挤出成型等。虽然其产品多样，但基本过程大致相同，比较常见的是以固体状态加料挤出制品的过程。这一挤出成型过程是：将颗粒状或粉状的固体物料加入到挤出机的料斗中，挤出机的料筒外面有加热器，通过热传导将加热器产生的热量传给料筒内的物料，温度上升，达到熔融温度。机器运转，料筒内的螺杆转动，将物料向前输送，物料在运动过程中与料筒、螺杆以及物料与物料之间相互摩擦、剪切，产生大量的热，与热传导共同作用使加入的物料不断熔融，熔融的物料被连续、稳定地输送到具有一定形状的机头(或称口模)中。通过口模后，处于流动状态的物料取近似口型的形状，再进入冷却定型装置，使物料一面固化，一面保持既定的形状，在牵引装置的作用下，使制品连续地前进，并获得最终的制品尺寸。最后用切割的方法截断制品，以便储存和运输。

比较有代表性的挤出成型的工艺过程为：聚合物熔融、成型、定型、冷却、牵引、切割、堆放。其他的挤出成型产品，随物料特性，制品大小和产量要求，挤出机的结构、类型和规格可以是不同的；机头结构、形状、尺寸按具体制品而设计制造；冷却定型方式依制品品种和材料性能而定；其余的辅机也会有很多不同点。然而，以上的各工艺环节是基本相同的。

4.2.4.2 塑料挤出成型设备

完成一种挤出产品的生产线通常由主机、辅机和控制系统组成，这些组成部分统称为挤出机组。

(1) 主机

一台主机有以下三部分组成，它由挤压系统、传动系统和加热冷却系统组成。如图 4.4 显示了单螺杆挤出成型机结构图。

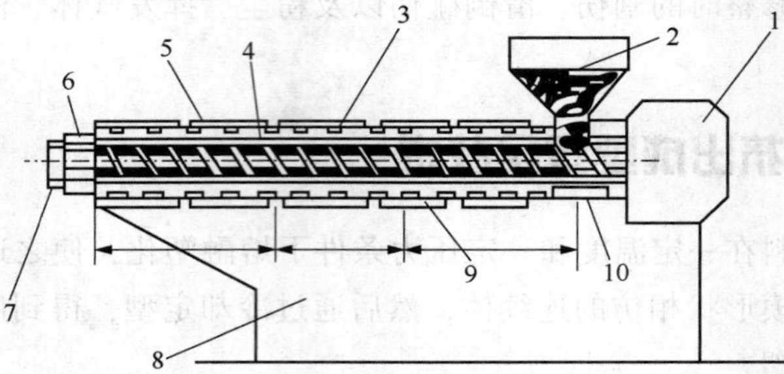

图 4.4 单螺杆挤出成型机结构

1—传动装置；2—料斗；3—机筒；4—螺杆；5—加热器；
6—多孔板过滤网；7—机头连接体；8—机座；9—冷却器；10—冷却夹套

挤压系统是挤出机的关键部分，主要由螺杆和机筒组成。对于一般热塑性塑料，通过挤压系统，物料被塑化成均匀的熔体；对于熔体喂料和带有化学反应的挤出成型，则主要是使物料均匀混合成流体。在螺杆推力作用下，这些均质流体从挤出机前端的口模被连续地挤出。

挤压系统包括螺杆、机筒、料斗、机头和模具。塑料通过挤压系统而塑化成均匀的熔体，并在这一过程中所建立的压力下，被螺杆连续的挤出机头。

螺杆：是挤塑机的最主要部件，它直接关系到挤塑机的应用范围和生产率，由高强度耐腐蚀的合金钢制成。

机筒：为金属圆筒，一般用耐热、耐压强度较高、坚固耐磨、耐腐蚀的合金钢或内衬合金钢的复合钢管制成。机筒与螺杆配合，实现对塑料的粉碎、软化、熔融、塑化、排气和压实，并向成型系统连续均匀输送熔体。一般机筒的长度为其直径的 15~30 倍，以使塑料得到充分加热和充分塑化为原则。

料斗：料斗底部装有截断装置，以便调整和切断料流，料斗的侧面装有视孔和标定计量装置。

机头和模具：机头由合金钢内套和碳素钢外套构成，机头内装有成型模具，机头的作用是将旋转运动的塑料熔体转变为平行直线运动，均匀平稳的导入模套中，并赋予塑料以必要的成型压力。塑料在机筒内塑化压实，经多孔滤板沿一定的流道通过机头脖颈流入机头成型模具，模芯模套适当配合，形成截面不断减小的环形空隙，使塑料熔体在芯线的周围形成连续密实的管状包覆层。为保证机头内塑料流道合理，消除积存塑料的死角，往往安置有分流套筒，为消除塑料挤出时压力波动，也有设置均压环的。机头上还装有模具校正和调整的装置，便于调整和校正模芯和模套的同心度。

传动系统的作用是驱动螺杆，保证螺杆在工作过程中所需要的扭矩和转速。加热冷却系统是保证物料和挤压系统在成型加工中的温度控制要求。

(2) 辅机

挤出机组辅机的组成根据制品的种类而定，通常由下列几部分组成。

① 机头(口模)。它是制品成型的主要部件，当机头口模的出料截面形状不同时，便可得到不同的制品。

② 定型装置。它的作用是将从口模挤出物料的形状和尺寸进行精整，并将它们固定下来，从而得到具有更为精确的截面形状、表面光亮的制品。

③ 冷却装置。从定型装置出来的制品，在冷却装置中充分地冷却固化，从而得到最后的形状。

④ 牵引装置。它用来均匀地引出制品，使挤出过程稳定地进行。牵引速度的快慢，在一定程度上，能调节制品的截面尺寸，对挤出机生产率也有一定的影响。

⑤ 切割装置。它的作用是将连续挤出的制品按照要求截成一定的长度。

⑥ 堆放或卷取装置。将切成一定长度的硬制品整齐地堆放，或将软制品卷绕成卷。

(3) 控制系统

塑料挤出机的控制系统包括加热系统、冷却系统及工艺参数测量系统，主要由电器、仪表和执行机构(即控制屏和操作台)组成。其主要作用是：控制和调节主辅机的拖动电机，输出符合工艺要求的转速和功率，并能使主辅机协调工作；检测和调节挤塑机中塑料的温度、压力、流量；实现对整个机组的控制或自动控制。

挤出机组的电气控制大致分为传动控制和温度控制两大部分，实现对挤塑工艺包括温度、压力、螺杆转数、螺杆冷却、机筒冷却、制品冷却和内外径的控制，以及牵引速度、整齐排线和保证收线盘上从空盘到满盘的恒张力收线控制。

挤塑机主机的温度控制：塑料加工过程中，除了要求螺杆和机筒外部加热，传到塑料使之熔化挤出，还要考虑螺杆挤出塑料时其本身的发热，因此要求主机的温度应从整体来考虑，既要考虑加热器加热的开与关，又要考虑螺杆的挤出热量外溢的因素予以冷却，要有有效的冷却设施。并要求正确合理的确定测量元件热电偶的位置和安装方法，能从控温仪表读数准确反映主机各段的实际温度。以及要求温控仪表的精度与系统配合好，使整个主机温度控制系统的波动稳定度达到各种塑料的挤出温度的要求。

挤塑机的压力控制：为了反映机头的挤出情况，需要检测挤出时的机头压力，由于国产挤塑机没有机头压力传感器，一般是对螺杆挤出后推力的测量替代机头压力的测量，螺杆负荷表(电流表或电压表)能正确反映挤出压力的大小。挤出压力的波动，也是引起挤出质量不稳的重要因素之一，挤出压力的波动与挤出温度、冷却装置的使用，连续运转时间的长短等因素密切相关。当发生异常现象时，能排除的迅速排除，必须重新组织生产的则应果断停机，不但可以避免废品的增多，更能预防事故的发生。通过检测的压力表读数，就可以知道塑料在挤出时的压力状态，一般取后推力极限值报警控制。

螺杆转速的控制：螺杆转速的调节与稳定是主机传动的重要工艺要求之一。螺杆转速直接决定出胶量和挤出速度，正常生产总希望尽可能实现最高转速及实现高产，对挤塑机要求螺杆转速从启动到所需工作转速时，可供使用的调速范围要大。而且对转速的稳定性要求高，因为转速的波动将导致挤出量的波动，影响挤出质量，所以在牵引线速度没有变化情况下，就会造成挤出产品内外径的变化。同理如牵引装置线速波动大也会造成产品内外径的变化，螺杆和牵引线速度可通过操作台上相应仪表反映出来，挤出时应密切观察，确保优质高产。

挤出产品外径的控制：如上所述为了保证制品外径的尺寸，除要求控制芯材的尺寸公差外，在挤出温度、螺杆转速、牵引装置线速度等方面应有所控制保证，而外径的测量控制则综合反映上述控制的精度和水平。在挤塑机组设备中，特别是高速挤塑生产线上，应配用在线外径检测仪，随时对外径进行检测，并且将超差信号反馈以调整牵引或螺杆的转速，纠正外径超差。

收卷要求的张力控制：为了保证不同线速下的收线，从空盘到满盘工作的恒张力要求，希望收排线装置有贮线张力调整机构，或在电气上考虑恒线速度系统和恒张力系统的收卷等。

整机的电气自动化控制：这是实现高速挤出生产线应具备的工艺控制要求，主要是开机温度联锁；工作压力保护与联锁；挤出、牵引两大部件传动的比例同步控制；收线与牵引的同步控制；外径在线检测与反馈控制；根据各种不同需要组成部件的单机与整机跟踪的控制。

4.2.4.3 塑料挤出成型设备安全操作

挤出不同制品的操作方法是不相同的，以下介绍各种制品的共同设备挤出机的操作方法。

(1) 挤出机的操作方法

首先是开车前的准备工作：

① 检查用于挤出生产的原料名称、规格是否符合要求，原料是否达到干燥要求，否则应进行干燥处理。

② 按产品的品种、规格，选好机头规格，并按机头法兰、模体、口模、多孔板及过滤网的顺序装好机头。安装完毕，调整口模各处间隙均匀，并在传动部分加入润滑油。

③ 检查主机与辅机中心线是否对准。

④ 接好压缩空气管，检查用水系统。

⑤ 装上芯模电热棒及机头加热，随后对挤出机及辅机需加热的部分进行加热升温，同时对料斗底部的冷却套通入冷却水。当各部分温度达到比正常生产温度高10℃左右时，恒温30~60min，使机器内外温度一致。

⑥ 启动各运转设备，检查是否正常，发现故障及时排除。对带料挤出机必须达到规定温度并恒温后才能启动，以免发生事故。

开车：

当塑料被挤出之前，任何人均不得处于口模的正前方。

① 以低速启动开车、空转，检查螺杆有无异常及电动机安培表是否超负荷，压力表是否正常，但机器空转时间不宜过长。

② 逐渐少量加料，并应时时注意安培表、压力表和进料的情况。待物料挤出口模后，就需将挤出物料慢慢引上冷却及牵引设备，并事先开动这些设备。然后根据控制仪表的指示值和对挤出制品的要求，将各部分作相应的调整，使挤出操作达到正常状态。挤出正常后，向料斗加足物料。

③ 切割取样，检查制品的外观质量及规格是否符合标准，然后根据质量要求调整挤出工艺。

停车：

① 停止加料，将挤出机内的物料挤完，关闭挤出机电源和各个辅机电源。

② 打开机头连接法兰，清理多孔板及机头的各个部件，清理时应使用铜棒，清理后涂少许机油。

③ 螺杆、料筒的清理，必要时可用料筒清洗料通过挤出来清理螺杆、料筒(通常称"过料清洗")。

④ 挤出聚乙烯、聚丙烯等塑料，通常在挤出机满载的情况下停车(带料停机)，这时应防止空气进入料筒，以免物料氧化而影响继续生产时制品质量。

⑤ 关闭总电源及冷却水总阀门。挤出时应注意的安全项目有电、热、机械的传动和笨重部件的装卸等。安装挤出机时应先安装料筒，后装螺杆；而拆卸时应先拆螺杆后拆料筒。

(2) 挤出成型机的过载保护装置、金属检测装置及防护罩

挤出成型机往往由于物料加热温度不够或因物料中混入金属硬块，使螺杆承受过大的扭矩而造成螺杆扭断，甚至发生人身伤害事故。因此必须设置过载保护装置。过载保护装置通常采用以下几种方式。

① 安全销：在皮带轮和转轴连接处设置安全销。当过载时，安全销首先被剪断，从而使皮带轮和转轴分离，切断电动机传来的扭矩，起到保护传动链及挤压部分各零件安全的作用。这种方法的最大问题是很难对安全销材料的力学性能进行精确测定。如果安全销的强度低，经常被剪断，既影响生产又增加成本；如果安全销的强度过高了，就起不到安全保护作用。实践证明，这种方法不可靠，往往误事。

② 定温启动保护：定温启动保护是电器联锁保护的一种，通过仪表控制机筒的温度，只有达到给定温度时，启动线路方可工作，否则不能开车，从而实现了安全保护。

③ 电气过载保护：在电动机的线路中设置过载保护环节，一旦过载，便切断电源，从而起到保护作用。

- 金属检测装置：在挤出成型机的料斗上设置金属检测装置，一旦发生有金属杂物混进料斗时，便自动报警或停车。

- 安全防护罩：在挤出成型机的转动部位要设置防护罩，如皮带轮、齿轮及减速器和螺杆的连接等处都要设置安全防护罩，以确保人身安全。

(3) 塑料挤出机的安全操作者注意事项：

① 未经考核和操作培训的人员不能独立操作挤出机。视力不佳者不能进行操作。

② 开车前做好设备周围环境卫生工作，设备周围不许堆放与生产无关物品。检查挤出

机各安全设置有无损坏，试验是否能有效工作，检查各连接螺栓有无松动，各安全防护装置是否牢固。

③ 检查各润滑部位，清除污物，加注润滑油。机筒和模具的加热恒温时间要保证，严防料温达不到工艺要求时开车生产。

④ 开动螺杆驱动电动机前要用手扳动V带轮，应转动灵活，无阻滞现象，然后先启动润滑油泵工作3min后再低速启动螺杆转动。螺杆空运转时间不能超过2~3 min。

⑤ 机筒加料前要检查机筒、料斗，不许有任何异物存在；原料中应无金属、砂粒一类杂质，防止损坏螺杆。螺杆启动后，各传动零件工作声音正常，主电机电流在允许额定值内，才允许向机筒内加料，加料时应先少量均匀加料。

⑥ 进行模具间隙调整或清除污料时，操作工要戴好手套，不许正面对着机筒、模具，防止熔料喷出模具，烫伤身体。挤出机开车运行中不许进行维修，此时设备上也不许有人做任何工作。

⑦ 遇有下列现象时应紧急停车：

- 轴承部位温度偏高，润滑油(脂)流出；
- 电动机散出异味、冒烟或外壳温度过高；
- 减速箱内润滑油温度高，冒烟；
- 润滑传动零件发出无规律的异常声音；
- 机器工作时产生剧烈振动；
- 生产时螺杆突然停止旋转。

⑧ 设备上安全罩和安全报警装置的位置不许随意改动，更不允许人为造成失灵。发现设备漏水、漏油现象时应及时维修排除故障，不许水、油流到机器周围。操作者因特殊事务必须离开机台时，应找熟悉操作该设备的人代管，否则必须停机。

⑨ 清除机筒、螺杆和模具零件上的残料，要使用竹类和铜质刀、刷，不许用钢刀、刷刮削零件表面污物及残料，更不允许用火烧烤办法清除螺杆上的残料。

⑩ 暂时不使用的螺杆要把表面清理干净，涂防锈油，包扎好，吊挂在干燥通风处。暂不使用的挤出机生产线应排除冷却水槽内的积水，关闭水、油和气用管路，机筒的进出口封严，切断机台输入电源。

4.2.5 塑料压延成型安全技术

压延成型是将混合的热塑性树脂和各种助剂(增塑剂、稳定剂、润滑剂、填充剂、着色剂)加热到一定温度，使其为塑性流动态，借助辊筒间的剪切力，使物料多次受到挤压，剪切辊压成为均匀的膜或片材。

压延成型与多数弹性体产品所用方法不同，它本身是一种复杂的工艺过程(聚氯乙烯的压延加工需在高黏度及一对辊间完成连续的挤出)。整个加工过程是由多个独立的单元组成，而不是在一个设备内一步完成(例如注射机、挤出机成型)。首先是原材料在一定温度下的掺混，接着是熔融状态下的混炼，随后是压延成型，冷却定型。

压延成型是生产塑料薄膜和片材的主要方法。它是将加热塑化好的接近黏流温度的热塑性塑料通过两个以上相向旋转的辊筒间隙，使物料承受挤压和延展作用，而使其成为规定尺寸的薄膜或片材的成型方法。用作压延成型的塑料大多数是热塑性非晶态塑料，其中以聚氯乙烯用得最多。另外还有聚乙烯、ABS、改性聚苯乙烯等。

压延产品有薄膜、片材、人造革和其他涂层制品等，其中以农业薄膜、工业薄膜、民用薄膜为主。片材中以唱片、热成型基材为主。薄膜与片材之间区分主要在于厚度，大抵于0.25mm为分界线。薄者为薄膜，厚者为片材。聚氯乙烯薄膜和片材又有硬质、半硬质与软质之分，由所含的增塑剂含量而定。含增塑剂0~5份者为硬制品，6~25份为半硬制品，25份以上者为软制品。压延成型是适用于生产厚度为0.05~0.5mm范围内的软质聚氯乙烯薄膜和片材及0.3~0.7mm范围内的硬质聚氯乙烯片材。制品厚度大于或低于这个范围的制品一般不采用压延成型而是采用挤压成型法来制造。

压延成型的特点是加工能力大，生产速度快，产品质量好，连续化生产。一台普通的ϕ700mm×1800mm的四辊压延机的年加工能力可达5000~10000t，生产速度为60~100m/min，甚至可高达250m/min。压延制品厚薄均匀，厚度可控制在10%以内，而且表面平整。若压花辊或印刷机械配套可直接得到具有各种花纹和图案的制品。此外压延生产的自动化程度高，先进的压延成型联动装置只需1~2人操作，因而压延成型在塑料加工成型中占有相当重要的地位。

压延成型的主要缺点是设备庞大，一次性投资高，维修复杂，制品宽度受压延辊筒长度的限制等。因而在生产连续片材方面不如挤出成型的技术发展快。压延软制品塑料时，如将布基或纸基随塑料通过压延机的最后一对辊筒，则薄膜就会覆在布或纸上，所得制品通常为涂层布或涂层纸(亦称为压延人造革或压延法塑料壁纸)。这种方法通称为压延涂层法。当然涂层布或涂层纸的方法不限于压延，也可用其他方法成型。

4.2.5.1 塑料压延成型工艺

压延成型工艺是在原材料准备(树脂过筛、增塑剂过滤混合、稳定剂研磨成浆状)、配料的基础之上进行捏合、压延等工序，再进行后处理(引离、刻花、冷却、输送、切割、卷取等)的一系列工艺过程。

压延生产的基本工艺过程为：配料→塑化→供料→压延→牵引→压花→冷却→切割→收卷。压延工艺流程大体可分为三个阶段：前阶段是压延成型前的备料阶段，主要包括所用塑料的配制、塑化和向压延机供料等；中间阶段即压延主机压延阶段，它是压延成型的关键阶段；后阶段包括牵引、压花、冷却、切割、卷取等，称为压延成型的辅助阶段。

配料就是根据配方选用合适的固体计量装置和液体计量装置，通过高速混合机与低速混合机对塑料原料和助剂按一定比例进行混配。塑化是根据工艺要求选用密闭式塑炼机、开放式塑炼机、连续式混炼机或过滤式挤出机等对配方材料进行混炼塑化。供料要求向压延辊缝中沿长度方向连续而均匀地供给塑化料，以减少辊子负荷变化，保证压延制品的质量。供料一般由摆动供料装置完成。压延是将混配塑化好的塑料压延成所需要的形状的过程，是压延成型工艺过程的关键工序，它直接决定压延制品的质量。牵引扩幅、压花印花、冷却、切割、收卷等过程对工艺和质量同样也有很重要的影响。

从工艺流程中可知压延成型包括的工序很多，各工序都有其相应的设备或装置，其中以压延机为主要设备。由以上工艺过程可以看出，压延成型不像注射成型、挤出成型等是在一台设备内一步完成，而是由以下 4 个独立的单元组成：

① 原材料在一定温度下的掺混；

② 熔融状态下的混炼；

③ 压延成型；

④ 冷却。

所以压延成型是一个复杂的工艺过程。

4.2.5.2 塑料压延成型设备

典型的压延成型生产线如图 4.5 所示。压延成型在塑料加工中是一个由多种设备组合成的成型过程，所以压延工艺是比较复杂的，整个流程是由每个独立的设备单元组成来完成的。在压延成型之前，粉状的聚氯乙烯树脂要加入增塑剂、稳定剂、润滑剂、着色剂、填充剂等各类助剂，在一定温度、时间下经过混合，再经过塑炼等工序才能把物料塑化，塑化后的物料经挤压喂料到压延机去压延。压延后的膜或片材，由引离辊将膜或片材从辊筒上引离下来，再压上花纹，经冷却定型，经橡胶运输带减少或消除产品的内应力，通过张力控制到中心卷取架上卷取切割便完成了压延成型的整个过程。

如果是生产压延法人造革，还需要将布基的预热和引进到压延机辊筒上去的工序。

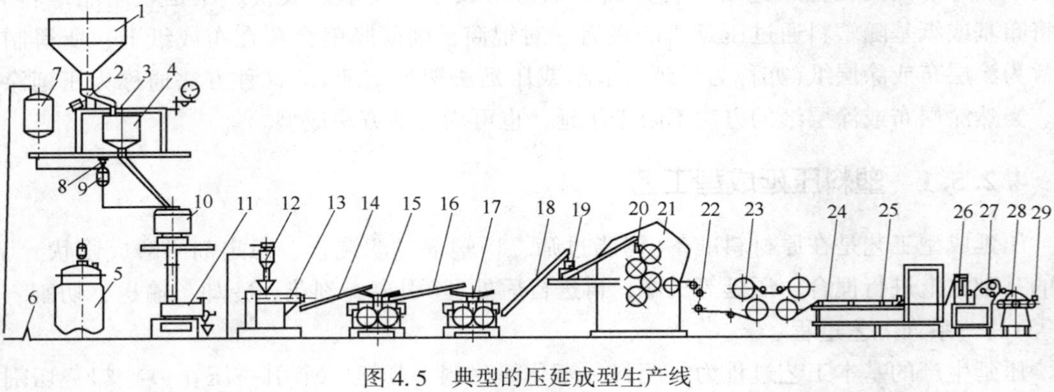

图 4.5 典型的压延成型生产线

1—树脂料仓；2—加料斗；3—自动秤；4—称量计；5—大混合器；6—齿轮泵；7—储槽；8—传感器；9—电子秤；10—高速混合机；11—高速冷机；12—集尘器；13—塑化机；14、16、18、24—运输带；15、17—辊压机；19—金属探测仪；20—摆斗；21—四辊压延机；22—冷却导辊；23—冷却辊；25—导辊；26—张力装置；27—切割装置；28—卷取装置；29—压力辊

压延机的类型较多，但结构组成大致相同。主要由机座、机架、辊子、辊子轴承、调距装置、轴交叉装置、挡料装置、传动系统、润滑系统、加热冷却系统等组成。为了适应不同塑料性能对压延成型制品的工艺条件要求，压延机被设计出多种类型结构，实际上这些不同结构的压延机其主要零部件是基本相似的，不同之处只在于辊子的数量和排列方式的不同。压延机的构造如图 4.6 所示，由于压延机在工作时温度和压力较高，而且辊子要求平稳地运转，辊速和辊距又要求能在较大范围内调节，对各结构组成要求如下：

① 机座。机座由铸铁材料制成，用于固定机架。机座用混凝土固定于地下。

② 机架。压延机辊子的两端通过轴承与机架相连，但除了中辊轴承固定于机架上之外，其他各辊子的轴承都是可以移动的，或上下移动，或水平移动，这都要专门的调距装置来完成。机架用铸钢制成，主要是两侧的夹板，用于支撑辊子的轴承、调节装置和其他附件。机座和机架合在一起组成压延机的骨架，支撑着辊子等其他零部件，承受压延时的全部载荷，因此要求具有足够的强度和刚度并有抗冲击震动能力。

③ 轴承。辊子轴承起支撑辊子和承受工作时强大负荷的作用。轴承间隙为辊径的0.15%~0.17%。四辊压延机仍多用滑动轴承，滚动轴承具有保护辊颈不受磨损、轴承间隙小、寿命长等特点，多使用在新型高精度压延机上。

④ 辊距调节装置。为适应被加工物料的性能和制品工艺要求的变化，压延机的辊距必须能够调节。在三辊、四辊压延机上，一般倒数第二根辊子的位置是固定不变的，其他辊子借助调距装置做上下或前后移动。调距装置设在辊子两端，成对使用。辊距不同，产品的厚度不同，且对物料的剪切也不同，一般分为粗调和精调两套装置。常用的调距装置可分为整体式和单独式两种。整体式调距装置是由电机、蜗轮和蜗杆组成的一套协同动作的机构，它的操作不够简便，机构比较笨重，多用于老式设备中。现代新型压延机常采用单独传动，即每根辊子(除中辊外)都有单独的电机调距装置，并采用两级球面蜗杆或行星齿轮等减速传动，这样可提高传动效率，减小调距电动机功率和减小体积，便于实现调距机械化和自动化。

⑤ 润滑系统。塑料压延机是比较精密的加工设备，为了确保它的正常运转，减少日常工作中的磨损，延长其使用寿命，各转动部件必须得到良好的润滑。润滑系统由输油泵、油管、加热器、冷却器、过滤器、油箱等组成，主要润滑的部位是支撑辊子的轴承。润滑油先由加热器加热到80~100℃后，再由输油泵送到各润滑部位，润滑后的油又返回到油箱经过滤和冷却后循环使用。

⑥ 传动系统(传动或减速装置)。主要由电动机(直流电动机、整流子电动机或三相异步电动机)、联轴节、齿轮减速箱和方向联轴器组成。其目的是为了提高压延制品的精度，

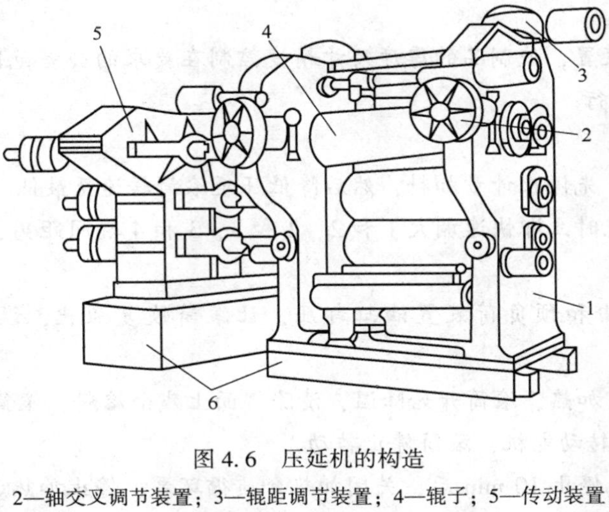

图 4.6　压延机的构造

1—机架；2—轴交叉调节装置；3—辊距调节装置；4—辊子；5—传动装置；6—机座

扩大设备的使用范围，提高设备的使用性能。目前，四辊压延机上的四根辊子多数采用直流电动机单独驱动。

4.2.5.3 塑料压延成型设备安全操作

压延成型设备属精密复杂设备，它的安全操作和维护保养是一项精细又复杂的工作，必须严格按照设备的使用说明书等有关文件规定执行，才能保证设备的正常运行。

(1) 开机前的检查准备

① 生产环境的安全检查。电气联络讯号、开关是否正常，安全防火装置是否完备。

② 各润滑系统的检查。发现油量不足应及时添加，加热冷却系统是否正常，预先对润滑油加热并稳定在80℃左右，启动齿轮泵给滚筒轴承供油，检查润滑系统工作是否正常。

③ 检查金属检测器是否正常，喂料输送带和滚筒间是否有异物。

④ 检查油、水等有无渗漏，如有渗漏应及时维修更换。

(2) 生产操作

① 在检查确认一切正常后，启动润滑油循环油泵，排出油缸中空气，调整液压系统各部位用循环油的油压，拉回油缸系统油压3.5 MPa，轴交叉系统油缸油压5 MPa。

② 各润滑部位供油10 min后，低速启动滚筒转动用电机。按工艺要求调整各滚筒间速比，试验紧急停车按钮的工作准确性及刹车可靠性，按动紧急停车按钮，滚筒继续运转应不超过3/4圆周。

③ 查看主电机电流是否正常，主电机功率不应超过额定功率的15%，检查各传动部位运转声音有无异常，各传动件和滚筒运转是否平稳。

④ 启动导热介质循环泵，滚筒开始加热升温，滚筒升温应缓慢进行，以每小时升温30℃左右为宜。

⑤ 辊温达到要求后，调小各滚筒间距离接近生产用间隙。

⑥ 滚筒上料，加料时先要少量加入，且加料要均匀。供料正常后，根据熔料包辊情况适当微调各辊的温差及速比，直至熔料包辊运行正常，再按制品厚度的尺寸精度要求微调辊距。

⑦ 调整各辅助装置，使制品的厚度尺寸精度控制在要求的公差范围内。一切调整正常后，压延制品连续进行。

(3) 停机步骤

① 需要停机时，先停止计量加料，然后降低压延滚筒转速至最低。

② 辊间物料快完时立即快速调大1和2、2和3、3和4辊间距离，调节后辊间距离不小于3mm。

③ 将滚筒反弯曲和预负荷装置油缸卸压，让滚筒恢复原状，调整挠度补偿装置回零位。

④ 停止导热介质加热，滚筒开始降温，清除辊面上残余熔料，滚筒表面温度降至80℃以下时，关闭滚筒的转动电机，滚筒停止转动。

⑤ 滚筒驱动电机停止10 min后，关闭加热介质循环泵，停止加热。然后再停止润滑油循环油泵。

⑥ 全部清除设备上及辊面上的杂物和油污，如停机时间较长应在辊面上涂上防锈油。

⑦ 关冷却水循环泵，切断设备供电总电源，关闭辅机冷却水及电源。

(4) 操作中的注意事项

① 启动压延机应从低速逐渐提高到正常工作速度。

② 滚筒加热、冷却应在低速运行中进行。

③ 调小辊距(小于 1mm)时，辊间要有物料以免碰辊。

④ 滚筒交叉位置时，如需调距，应两端同步进行，以免滚筒偏斜受损。

⑤ 经常注意观察滚筒轴承温度，各仪表的指示是否正常，设备有无异常现象。

⑥ 正常停车时，不得使用紧急停车开关，以防降低电机的使用寿命。

⑦ 压延机工作时严禁用手或金属物品接触滚筒的工作表面。

⑧ 操作人员不得带有钢笔和手表等金属物品，以免操作不慎掉入辊隙中导致滚筒工作表面破坏。

(5) 压延成型设备的维护与保养

① 经常排放气动系统空气过滤器中的积水和杂物。

② 每天向调距和轴交叉装置中的蜗轮蜗杆、螺杆螺母及轴承座滑槽等注油一次。

③ 滚筒导热油加热系统采用 YD-132 导热油，应定期检查，如发现油有沉淀或变色应立即更换。热油中不允许含有水，含水率应低于 0.01%。

④ 压延机长期停放时，应在滚筒表面涂上防锈油。

⑤ 定期检查润滑油质量，经常清洗滤油器，及时更换润滑油。

4.2.6 塑料吸塑成型安全技术

吸塑成型是利用热塑性塑料的片材或薄膜作为原料通过真空吸塑制造塑料制品的一种方法。制造时，先将裁成一定尺寸和固定形样的片材(或薄膜)夹在框架上并将其加热到热弹态，而后凭借施加的真空或压力使其贴紧模具的型面，因而得到与模具型面相似的制品。成型后的片材(或薄膜)冷却后，即可从模具中取出，经过适当的修整，即成为制品。

吸塑成型的特点与其他热塑性塑料成型方法相比，吸塑成型有许多优点：

① 成型压力较低，故生产大表面积的制件所需模具和设备的成本较低。

② 可生产壁极薄的制件，少数特殊制品的厚度可达 0.05mm，而其他成型方法则不能。

③ 生产大容量薄壁产品(如饮水杯)的成本很低，且生产率高。

④ 与注射模塑相比，生产小容积、大尺寸产品(如计算机外壳)时，由于成型压力小(约 690 kPa)，生产率高，设备投资少，故制品成本较低，与注射模塑形成激烈竞争。

吸塑成型的缺点是所用原料片材或薄膜成本高，制品后加工较多；而且热成型只能生产壳型制品，其深度也有一定限制。

4.2.6.1 塑料吸塑成型工艺

吸塑成型的原料所用片材厚度一般为 1~2mm，薄膜厚度更低。吸塑成型所用片材或薄膜主要用挤出法生产，也有少量用压延生产。吸塑成型生产工艺主要包括：

① 将热塑性片材(或薄膜)加热至其软化点以上。

② 通过气动方法(在塑料片材和模具之间抽真空或用压缩空气产生压差)、机械方法(柱塞辅助、对模等)或气动/机械相结合使加热软化片材(或薄膜)贴合在模具型面上进行成型。

典型吸塑成型工艺为:

① 塑料片材(或薄膜)连续喂料操作或直接从挤出机喂料。

② 在烘箱中加热片材(薄膜等),随后移至成型压机上成型。

③ 用加热/成型一体化的自动化机械成型。

吸塑成型所用塑料大多是热塑性塑料(增强和未增强)。现在也有研究者在研究热固性塑料吸塑成型。原则上所有热塑性塑料都能用于吸塑成型,但各种塑料成型的难易程度不同,有些容易进行深度延伸而不破坏,而另一些则不能成型深度大的制品。热成型性能取决于材料特性,如片材或薄膜的厚度公差、材料表面致密性(是否有针孔)、材料厚度方向的温度梯度保持能力、牵引速度和深度、模具几何形状、单轴和双轴的形变稳定性等,其中最重要的是片材厚度波动。

所有的吸塑成型都包括以下基本过程:

① 基材提供。片材或薄膜直接从挤出机上得到切成一定尺寸的片材。厚度大于 1.5mm 的片材一般切成规格片,较薄的片材用挤出机直接提供成卷,而无规格限制。

② 固定。确保片材经过加热、成型或修饰操作时不移动。

③ 片材的热成型。

④ 成型后的片材在模具中冷却。

⑤ 脱模和修饰。

最基本的吸塑成型方法包括:真空成型、包模成型、压力成型和对模成型。它们的相同点是:

① 把加热的片材夹在阳模或阴模上方。

② 抽真空、外部加压或二者并用排出片材和模具型面间的空气(所有的热成型模具都设有抽真空的微孔)。

③ 使片材或薄膜紧贴在模具表面,最终得到与模具表面形状相似的制品。有时采用将加热片材进行预拉伸的辅助操作以控制最终产品的厚度。

弯曲是一种最容易操作、最古老的吸塑成型技术,如果成型片材在弯曲过程中只需局部加热,则不需特殊设备,弯曲程度取决于加热面积和片材厚度,弯曲极限还取决于片材软化点和片材固有刚性(表露凹陷应尽可能小)。例如商店橱窗、楼梯、银行隔板、飞机窗户等,常用厚度为 90mm 的透明塑料(如 PMMA 和 PS)弯曲而成。当弯曲程度较小时,弯曲处片材厚度可基本不变。

尽管吸塑成型的方法很多,但所有吸塑成型都可分为两种基本方法:

① 贴合在阳模上的阳模成型。

② 贴合在阴模内的阴模真空成型。

成型方法在很大程度上取决于制品的形状、成型压力、制品强度要求以及材料的规格。通常阳模成型较阴模成型有利于材料分布和冷却,因而当制品内部公差要求较高时,采用阳模成型，而深度较大的制品(如饮水杯)则常采用阴模成型工艺；阳模成型制品的底部强度较高，阴模成型制品边缘(或周边)强度较大；用阴模直接成型的优点是成型具有垂直侧壁制件时，不会由于冷却收缩产生应力而造成脱模困难。

真空成型中，当热塑料片材被拉伸并接触型腔表面骤冷并开始凝固时，最重要的控制因素是收缩率。因为塑料材料热膨胀和热收缩系数比钢材大7~10倍，成型模具应保证制件侧壁足够大时仍能正常脱模，若模具设计不当，会导致制件在冷却时断裂，或在成型过程中受力过大，损失物理性能。

现在常把几种加工方法结合使用，以综合优点，如柱塞辅助成型与对模成型类似，包括一个大约占型腔体积69%~90%的阳模(或柱塞)，通过控制柱塞的形状和尺寸以及插入速度和深度，可在很大范围内改善许多产品的物料分布，这种方法常用于生产杯子、容器和其他深度延伸的产品。

4.2.6.2 塑料吸塑成型设备

吸塑成型机械有片状喂料机和网状喂料机。片状喂料机将片材切成定长、定宽以满足特定需要，网状喂料机使用卷带料或薄膜料，直接由挤出机喂料。吸塑成型机械种类很多，有较简单的单级设备，也有计算机控制的多级操作。单级机械加工中，将预先切好的片材分别装在夹具上，送入加热室，然后移回原位进行热成型，图4.7表示单级梭形柱塞辅助成型机，两级设备则由两个成型区和一个加热室组成。

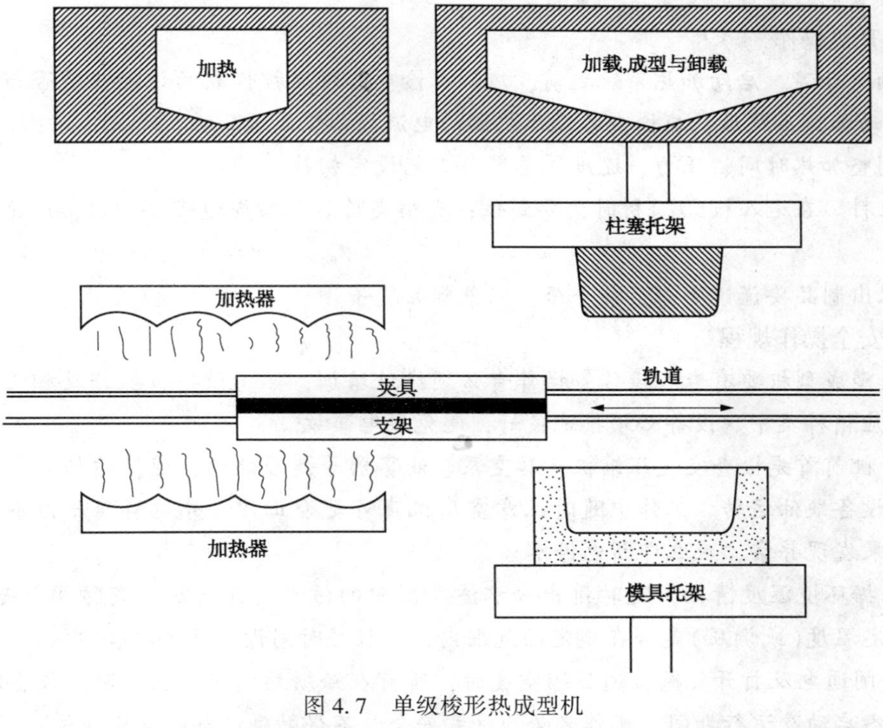

图4.7　单级梭形热成型机

为提高产量，可用联机片材喂料机械，两个连续运动的平行轨道将片材夹住并移动通过加热区和成型区，所有操作由计算机控制。为进一步增加产量，连续片材卷或片材可直接由挤出机喂料，使片材准确经过加热、成型和包装，也可加设修饰区，现已广泛采用多腔模具，高级计算机控制确保所有机械运行良好，材料正常加工。联机热成型设备，特别是由挤出机直接供料的生产线，必须完全同步，否则产品质量不能保证，操作成本也会提高，例如，修边机操作速度较慢，挤出机的产量也必须降低；反之，若挤出机生产速度不能降低，修边机的降速会导致停机，因此，所有加工区都要很好配合。

4.2.6.3 塑料吸塑成型设备安全操作

塑料吸塑成型机是塑料制品二次成型的加工过程中的基本设备，其日常生产过程中的使用、保养及维护直接影响着生产的正常运行及设备的安全使用。常见的热成型机操作规程如下。

(1) 开机前的准备

① 仔细检查所加工的物料，确保清洁无异物、脏物。

② 确保机器各部位清洁卫生。

③ 每次开车前应检查空气压缩机、真空泵、风机等设备的压力以及工作是否正常。

④ 检查夹料(夹具)装置、模具升降装置、安全门、柱塞等运动部件的运动情况，其运动应灵活、可靠。

⑤ 确保各润滑系统管路畅通无阻，润滑点出油正常。各润滑部位应根据润滑细则灌注规定量的润滑剂。

⑥ 检查电器设备的安全、可靠性。

(2) 开机操作

① 预热升温。启动加热系统之前，应认真检查各段温控仪表的设定值是否与工艺要求相符；启动加热系统后，应检查各段加热器的电流指示值是否正常。

② 调整加热时间、压力、速度等参数与工艺设定相符。

③ 上料。在送入板(片)材时，要到位；夹框夹紧后，四周边缘要均匀，以免漏气，影响质量。

④ 取出制品要谨慎小心，戴手套，以免制品烫手。

(3) 安全操作规程

① 吸塑成型机要有专人操作，操作者必须经过培训，熟悉设备、操作及相关知识，操作设备时应精神集中。设备必须接地良好，避免触电事故。

② 开机前首先检查空气压缩机、真空泵、油雾器等是否缺油，连续运转时每班检查一次，严禁设备缺油运转。工作中随时注意空压机声音是否正常，并观察其压力不得超过额定值。如果发现异常，应立即断电停水。

③ 根据环境湿度情况，随时排出分水滤气器中的污水。开车前检查防护罩是否装好，加热器设定温度(或调压)是否在规定的范围内，各程序时间设定是否符合要求。

④ 合闸通电及打开气阀接通压缩空气时，所有人必须站到安全区，避免设备瞬间误动伤人。设备启动及运行期间，操作者必须注意安全，不得触碰设备的危险部位。

⑤ 设备出现异常情况应停车检修，禁止设备带病运行。工作中出现故障或出现意外时，及时按下急停开关，待故障排除后方可继续工作。

⑥ 不使用柱塞或设备调整、检修及每次停车时，必须将柱塞安全销插上。

⑦ 工作完毕注意拉闸断电，并切断气源。不可随便调整设备上的限位开关。

⑧ 更换模具、台面及压框时应断电，更换模具后初次试车应格外小心。

⑨ 至少每周打开气罐底部排污阀排污一次。

塑料热成型机是塑料制品二次成型加工过程中的基本设备，其日常生产过程中的使用、保养及维护直接影响着生产的正常运行及设备的安全使用。热成型机的正确维护保养，对保证热成型机稳定生产、延长机器寿命非常重要。日常维护应注意以下几个方面的工作：

① 要有足够的预热升温时间。一般到达工艺设定温度后应恒温 30 min。

② 电控柜应每月吹扫一次。

③ 长时间停机时，对机器要有防锈、防污措施。

④ 每月巡检，内容包括：各润滑部位的润滑情况和油位显示；各转动部位轴承的温升及噪声；工艺设定温度、压力、时间等显示；各运动部件的运动状况等。热成型设备保养工作按时间周期及其具体内容一般分为四个级别，即一级保养、二级保养、中修和大修。一级保养主要是对设备进行清洗检查，调整及排除油路系统故障的一项定期维护。时间间隔一般为 3 个月。二级保养是对设备进行全面清洗，部分解体检查、局部修理的一种计划检修工作。时间间隔一般为 6~9 个月。中修是把设备易损部件进行分解检查修理的一种计划检修工作。其时间间隔一般为 2~3 年。大修是对设备进行彻底解体修理的一种计划检修工作。其时间间隔周期为 4~6 年。

4.3 塑料成型加工职业防护

塑料在整个加工过程中，从原材料准备到加工成制品，其中物料的粉尘及加工时放出的蒸汽或气体或多或少对人体健康有一定的影响，所以要加以重视与控制。

4.3.1 高分子材料的毒性

在成型加工中，树脂是必不可少的主原料，它以粉状、颗粒状或糊状形式存在。下面介绍几种常用于压延、压制制品的树脂的毒性。

（1）聚氯乙烯树脂

聚氯乙烯树脂是生产聚氯乙烯塑料的主要材料，生产硬制品时占 85%左右，生产软制品时占 60%左右。其用量均大于 50%以上。它多数是以粉状物形式存在，它在加工中有三种主要污染源：第一种是粉状树脂，即粉尘污染，对人体有微量刺激性，对环境有污染；第二种是聚氯乙烯树脂成型时加热到 160~170℃时，大量的氯化氢气体逸出；第三种是树脂在聚合时，有少量单体氯乙烯未转化成聚氯乙烯，而存在于树脂中，加工时人体吸收后对神经系统，消化系统受到影响，从而损害人体健康。以上三种污染对人体的危害是不能忽视的。

（2）脲醛、酚醛、三聚氰胺树脂

在成型加工中受热放出甲醛气体，如果人体接触后，立即引起眼及呼吸道粘膜的刺激。发生结膜炎、鼻炎、咽炎以及皮炎等。

（3）增塑剂

增塑剂是塑料生产中重要组分之一，特别是生产聚氯乙烯制品时，其用量更大，生产薄膜时增塑剂占33%左右，如果生产医用输液袋则占40 %左右，它使制品具有柔软性，但是部分增塑剂有一定毒性，对人体及植物有一定危害。如磷酸酯类，它一方面赋予制品优越的电性能但同时带有毒性。因此使用上受到限制。另外有的增塑剂加工时毒性不明显，但加工成膜覆盖植物时，便阻碍植物生长，甚至植物死亡，如常用邻苯二甲酸二异丁酯。有的增塑剂毒性小但也不能生产用食品包装的产品。

（4）稳定剂

加工聚氯乙烯树脂时，稳定剂赋予树脂一定的稳定性，从而完成加工。目前使用的稳定剂以铅的化合物为多数。常用三盐基性硫酸铅、二盐基性亚磷酸铅、二盐基性硬脂酸铅，以及盐基性碳酸铅(铅白)等。

操作时铅盐粉尘飞扬，吸入人体后，易发生铅中毒，因此目前已开始由生产厂生产糊状铅盐化合物，减少飞扬。

（5）发泡剂

发泡剂是生产发泡膜或发泡人造革时用的，常用AC发泡剂(偶氮二甲酰胺)，在操作时少量接触会引起皮炎，对黏膜有轻度的刺激性。

（6）颜料

颜料是生产色泽鲜艳的塑料制品不可缺少的组分之一，但是有的颜料也具有一定的毒性，例如黄色类和红色类颜料易重金属超标。

（7）其他

在生产增强塑料时，不论是模压还是压制用的增强材料玻璃纤维，对人体皮肤有刺激性，因此，使用时要加强防护。

4.3.2 成型加工中的防护措施

高分子化合物在生产过程中的防护措施十分重要。要从工艺改革与“三废”治理同时着手。以期根除职业病危害，同时要建立安全卫生制度、采取密闭通风措施以及合理使用个人劳动防护用品。

（1）工艺改革及技术革新

工艺改革以及技术革新是消除毒害的有效措施，如将流程中开放式设备辊压机、Z形搅拌机改用密闭式的密炼机以及自动称量配料相配合的高速混合机。采用自动称量输送物料，操作中尽量使用仪表及监控装置来操作，远离污染物。

(2) 加强通风排气

在生产中单体及蒸发出来的气体会散发出去，污染环境和危害操作者。因此，首先要把气体来源，沿规定方向的管道排出，并可以在排出前进行回收处理或作无害化处理。如在辊压机与压延机上方安装通风排气罩。

（3）合理使用个人防护用品

在接触粉尘时应带上口罩或呼吸防护器，如果要用手时，必须戴上橡胶手套或乳胶手套、塑料套袖、围裙、长筒靴以及防护服等。加工对于皮肤刺激性大的物料时，应在皮肤上涂上防护剂，如软膏、乳剂、糊剂等，工作完毕洗去即可。

（4）建立卫生保健制度

① 工作时严格遵守安全操作规程。

② 加强防毒、防尘方面的教育，宣传安全操作规程、毒性以及防护常识，使接触者有正确观念。

③ 做好车间的安全防护工作，设立小药箱。

④ 定期检查操作区域的毒性浓度，同时鉴定和评价治理和工艺改革后的效果。

⑤ 定期体检，建立健康卡，检查的目的是早发现、早诊断、早治疗，并采取早预防措施。

总之对待加工中可能引起的中毒，要在思想上重视，工作上采取相应措施，保证操作者健康，才能促进塑料行业的发展。

参 考 文 献

[1] 王卫卫．材料成形设备[M]．北京：机械工业出版社，2007.
[2] 毛卫民．金属材料成形与加工[M]．北京：清华大学出版社，2008.
[3] 方景光．粉磨工艺及设备[M]．武汉：武汉理工大学出版社，2002.
[4] 张巨松．无机非金属材料工艺学[M]．哈尔滨：哈尔滨工业大学出版社，2010.
[5] 于思远．工程陶瓷材料的加工技术及其应用[M]．北京：机械工业出版社，2008.
[6] 杨明山，赵明．高分子材料加工工程[M]．北京：化学工业出版社，2013.
[7] 温变英．高分子材料成型加工新技术[M]．北京：化学工业出版社，2014.